涂鸦会说话：
解读孩子的心·理画

ALKE

涂鸦会说话：
解读孩子的心·理画

（意）艾薇·克劳迪　著

宁　昊　李梓睿　白皓月　译

辽宁科学技术出版社

·沈阳·

目录

5　共同成长

理解儿童涂鸦和绘画的基本知识
11　观察角度
31　绘图工具与技术
41　颜色的使用
49　物象

从涂鸦到绘画
67　早期的涂鸦及其演变
75　进阶的图形和图像
89　了解孩子的人格类型

涂鸦分析：四个小测试
119　画人物的小测试
147　画树的小测试
161　画房子的小测试
179　画家人的小测试

197　来自世界各地儿童的涂鸦

共同成长

本书创作的初衷是希望为爸爸妈妈们提供有用的信息和专业的建议，更好地解决在孩子成长道路上遇到的困难，陪伴和引导宝贝们茁壮成长。在育儿的过程中，家长们会犯这样那样的错误，这都是在所难免的，因为，在孩子成长的初期，我们无法预知他们的身心会如何发展。我们能做的，就是把这些错误最小化，并一步一步地改正。如果我们学会了科学合理的育儿方式，不仅能帮助孩子留下一段多姿多彩的童年回忆，还能引导孩子未来的发展，尽可能地规避风险，少走弯路。

会说话的画

孩子从小手能够握住画笔的那一刻起，就开始喜欢乱涂乱画，不仅仅在墙上，只要是他们能够到的地方，他们都会留下横一道、竖一道的痕迹。孩子们似乎是要用图画极力表现和证明自己。这些画虽然乍看上去让人摸不到头脑，却承载着孩子想对这个世界说的话，尤其是说给爸爸妈妈的话。这就是宝宝们从能够留下痕迹的一刻起，与外部世界交流所采用的方式。

每一笔都有意义，问一问孩子，他们就会解释给我们听："这个是爷爷，这个是猫咪，妈妈在这里，这个是我！"同时也会用稚嫩的手指毫不迟疑地指着那些看上去差不多的笔画。在他们眼中，这些就是他们内心世界真真切切的表现。

孩子对图画的解释可以拼接成一个故事，一个关于愿望、关于喜怒哀乐、关于恐惧和害怕的故事，仿佛一幅详尽反映孩子成长历程的地图。如果那些涂鸦能组成一部故事片，那么我们的孩子就是独一无二的导演。这些孩童时期的涂鸦是他们证明自己的方式，也是这些小艺术家和成人世界的交流工具。

留给我们家长的任务就是要解读孩子这种非口头的"语言"。如果我们能对孩子的作品稍加研究，多多理解，最重要的是怀着浓浓的爱，我们就会明白：孩子们通过涂鸦给我们讲述的，从来都不是简单的事。

　　孩子们在完成自己的画作后，总会迫不及待地展示给爸爸妈妈看，焦急却专注地看着大人的脸，希望得到一个评价。他们的想法非常单纯：他们想要自由自在、无拘无束地倾诉自己的内心世界。对孩子们来说，涂鸦并不仅仅是一项有趣的游戏，更是一种表达自己的特殊途径。涂鸦让孩子们尽情地发挥自己的想象力，让梦想变得具体。

　　我们家长应该多多注意这些涂鸦反映出的信号，因为孩子们往往不知道如何用其他的方式去表达喜悦、拘束或压抑着的痛苦，而往往在大人眼里，这些情感只不过是孩子的夸张表现。孩子们的口头表达能力是十分有限的，但他们拥有丰富的表现力，并且懂得如何通过画作来充分表达自己。这样一来，孩子们就能以这种方式"说"得明明白白，因为他们的画和话能够相互弥补，相互完善。很多时候，孩子们紧张的状态，有意识和无意识的矛盾冲突，还有他们的态度都会在画作中有所体现，而通过这种方式，孩子们可以向外界传达他们的不适，释放紧张的情绪。（参见图1和图2）

　　这些稚嫩的作品中还有其他的信息：孩子们练习更好地使用铅笔，让动作更加娴熟、协调，也能让自己习惯在有限的空间里，更好地组织自己的想法，控制自己的情绪。此外，如果孩子们可以随心所欲地自由创作，他们的动作就会更流畅，他们也能更开心地展示自己。在特定条件下，儿童心理学家和儿童神经学家会以儿童涂鸦作品为样本，研究儿童成长过程中的阻碍。

分析儿童涂鸦的好处

　　与研究其他的表达方式相比，分析儿童涂鸦的优势体现在以下几点：首先，通过分析画作内容，家长能够在孩子不知情的情况下，了解到孩子内心的真实反映；其次，就算孩子察觉到了父母在研究自己的作品也无妨；最后，在读懂了这些画出来的"话"之后，家长能更加准确地明白孩子说出来的话。除此之外，孩子也会自主地观察和"分析"自己的大作，这种行为也是孩子在表达和沟通能力上一种自然而然的自我促进、自我完善。

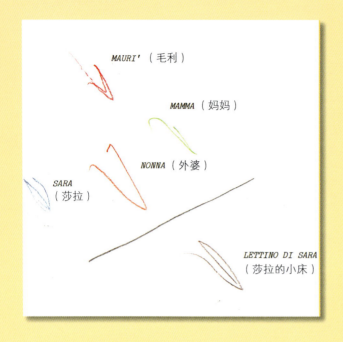

MAURI' （毛利）

MAMMA （妈妈）

NONNA （外婆）

SARA
（莎拉）

LETTINO DI SARA
（莎拉的小床）

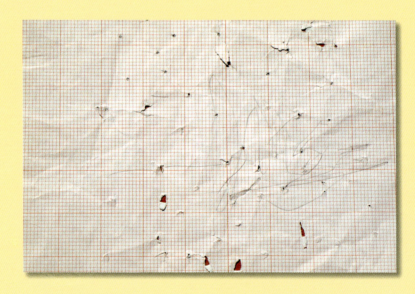

图1和图2

莎拉，两岁零四个月

对比她在不同情况下所画的两幅涂鸦，我们可以非常清楚地看出她由于父母离异产生的拘束的心理状态。图1（上）是她在平静时所作，而图2（下）是正当她的父亲进入以她的家作为研究对象的心理学家的办公室时所画，显现出了她的紧张和无法描述的敌对情绪。

关于本书

　　从一岁左右孩子的稚嫩涂鸦，到义务教育早期学龄儿童（八九岁）的完整作品，本书都做了最深层次的解读，让爸爸妈妈们能够更清楚地观察和解读孩子的涂鸦。在此基础上，为了能够更好地了解孩子，我们还提出了一些专业的建议和指导，希望对您能有所帮助。

　　第一部分　理解儿童涂鸦和绘画的基本知识

　　这一部分主要介绍的是分析孩子画作的基础知识和原则，分为以下几个小部分：观察角度（例如，在纸上起笔的位置、纸张占用的情况、涂抹画线的速度和力度）、各种绘画工具和技术的特殊用法、不同用色的意义、儿童画作中常用的物象。

　　第二部分　从涂鸦到绘画

　　这一部分概述了从涂鸦到绘画这一演变过程。随后，我们详细地解说一下三四岁孩子的作品，这个年龄的孩子能够开始画一些更高级的形状和图像。再有，如何从涂鸦和绘画中获取关于孩子性情方面的准确信息，也是这一部分所要介绍的。

　　第三部分　图画的分析

　　这一部分包括四个有用的小测试，帮助我们更有效地理解孩子品性中最深层、最真实的层面。这四个小测试分别是：画人物的小测试、画树的小测试、画房子的小测试和画家人的小测试。我们的孩子会无所顾虑、自娱自乐地去画这些东西，但是我们作为父母却能看到孩子个性中不为人知的一面。

　　结尾部分　儿童涂鸦和图画集锦

　　这一部分收集了来自世界各地的孩子们的一些作品，把它们汇集到一起，更好地展现孩子们从孩提时期到渐渐成熟这一过程中的共通之处。

理解儿童涂鸦
和绘画的基本知识

观察角度

孩子的"乱涂乱画"往往向我们传递了大量的信息，而这些信息都是需要我们准确理解的。在孩子绘画的过程中有几点我们应该特别关注：孩子握笔的方式、在纸上起笔的位置、纸张占用的情况、在纸上留下的笔画，还有运笔的动作，譬如速度和力度；最后，就是作品向我们呈现的样子。

握笔姿势

关于握笔，我们要观察孩子拿画笔时是否自然、是否有力。即使孩子拿笔的方式与众不同，看起来不太协调，我们也不必担心是不是孩子身体机能有什么障碍。

正确的握笔姿势应该是手指适度弯曲，指实掌虚，就像轻握住一个小球。根据人体工程学，这样能够最大限度地减少手指的疲劳度。

左图是正确的握笔姿势。
右图是一种不正确的握笔姿势。

如果握笔方式正确，孩子即使长时间写写画画，也不会觉得太累。不过，在我们对儿童涂鸦时的理想握笔方式的调查中，也存在大量的"个例"。这些"个例"通常以第一次拿笔的幼儿居多，他们经常使用一些不同寻常的方式来握笔，但这些方式也能让他们正常地写字和绘画，所以，我们也将这些具有实验性的现象都考虑在内。

一般情况下，孩子的神经系统都是在8~12岁时发育成熟的，也就是说，这时的孩子就会渐渐开始发现自己握笔姿势可能是不对的，并最终加以改正。但是，如果过了这个年纪，孩子的握笔姿势依然不正确，那这时的这个错误除了会影响书写的工整流畅之外，甚至还会使孩子情绪不稳定，进而对学业产生负面影响。

在这种情况下，父母和老师需要做的不是告诉孩子如何更好地写字和画画，而是注意从视觉、听觉、感觉和情绪等方面观察孩子的状态，来正确地面对这个问题，而不是一味地苦恼。

右撇子？ 左撇子？

也许孩子在初次拿笔涂鸦时使用的是左手，但这并不意味着他一定是左撇子，原因很简单：那时的他还没"想好"要用哪只手呢。无论孩子最后选择了用哪只手来涂鸦作画或是学习写字，他的决定都应该是完全自主自觉的，这也是出于对孩子生理偏侧性（或称自然倾向）的考虑。如果家长强行"改正"孩子的惯用手，那很可能会导致难以预测的结果。因为每一次强迫性的约束或纠正都会阻碍精神性运动结构的协调性，这会抑制并减慢孩子写画能力的发展，更严重的甚至会导致孩子心理出现反常，令语言表达能力也受到影响。

注意坐姿

孩子在涂鸦和写字时的坐姿要从小抓起。孩子们总喜欢趴在纸上画画，或者眼睛离纸特别近；也有的时候会坐得很高或者干脆横躺在小凳子上。家长需要在这些不良坐姿引发问题（如情感基础导致的书写和阅读障碍）之前就做出反应——温和地纠正孩子们的姿势。

给左撇子孩子的妈妈们一条建议：这些孩子大多是早熟、拥有较强直觉和富有创造力的，但是往往由于封闭的性格或者多动的行为，他们的天赋会被忽视甚至误解。人们总是把活跃和急躁、安静和自闭相混淆，而这些就是他们正常的天性。比如说，我们都知道左撇子的孩子通常更敏感。

在纸上的起笔点

孩子在纸上习惯的起笔点可以准确地反映出他们真实的性格。正因如此，我们要注意孩子从哪里起笔，这很重要。

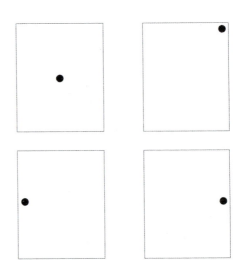

• 通常，孩子们会从纸张的中心起笔开始涂画，这反映出他们与生俱来的自我中心主义倾向，孩子们会在身处大人们关注的焦点的时候表现出喜悦、快乐和幸福——对于他们来说，没有比这更令人开心了。

• 从纸张角落起笔，是孩子内心压抑的表现，或者是与外界

环境对比，他们感到格格不入。就像是他们被束缚在被监视、巡查和排挤之中，自己的情感也被制约了一样。

• 从左边起笔的涂鸦表明孩子渴望留在过去的幸福感当中，如同最初在妈妈肚子里时那样。

• 最后一种是从右侧起笔，这样的孩子渴望长大，他们想向世界展示自己，发展友谊。

纸张的占用

要想破译并解读一幅涂鸦，需要我们家长从孩子们富有创造力的角度出发，不带任何主观想法。正是孩子们与生俱来的创造力，推动他们拿起画笔，挥动双手，在纸上设计出一方天地。这个自发性的举动，让孩子们学会控制自己，并开启探索涂鸦世界的旅程。初次尝试涂鸦，孩子们通常会画一些曲线、直线、折线、横线等不连贯的线条。因为他们的下笔、动笔都没有明确的目标，只是将龙飞凤舞的笔迹留在纸上。这种方式对家长来说，能展示出孩子的性格、情感、生命力、身体机能的发展程度以及对节奏与协调性的掌握。而对孩子来说，手里的画笔会准确地服从大脑的命令，从而把他的情绪从"看不见、摸不着"变成"看得见、摸得着"。

• 孩子在涂鸦时并不会总是画满整张纸，有时候也会高高地画在画纸的顶端，或者集中在靠近自己的位置，紧贴底部，保持在一个封闭狭小的空间里。一般来讲，在这种情况下，孩子只是在简单地描绘当下的感受，并没有什么需要特意表达或解释的意图。正如美国画家杰克逊·波洛克所说："我的创作没有事先规划，也没有安排如何用色。我的创作是完全即兴的……通过潜意识的冲动来自然而然地挥洒涂料。我想要表达我的感受，而不是解释它们。"

• 那些倾向于用圆的、大面积的涂鸦画满纸上所有空白（参见图 3），或者经常会画到图纸外（参见图 4）的孩子，大多会表现出一种外向的性格，并以此来向其他人证明即使离开了家，自己也能过得很好。而这种外向的个性，往往会使孩子需要在游戏中去释放自己的精力，获得新的体验。他们这种活泼大方、乐观积极的性格会赢得别人的好感，但也需要持续的认可与表扬、微笑和疼爱来呵护。在外人看来，这些孩子特别喜欢身边有很多朋友。他们旺盛的生命力驱使他们不停地活动。因此所有人都会好奇地问："你就不能静一静吗？"其实这种性格的孩子不应该只和父母待在一起，因为他们生来就更需要同龄人的陪伴。如果他们和同龄人之间的联系被切断，就相当于剥夺了他们的表达能力，他们可能因此而变得忧郁、不安。

• 而那些笔画拘谨且多棱角的涂鸦（参见图 5），则意味着小作者性格

图3

尼可，三岁零两个月

这幅涂鸦作品整体呈圆形且几乎占满了整张纸，表现了他外向的性格和充沛的精力。

图4

菲利普，三岁零四个月

杂乱的涂抹超出了纸张的范围，暗示了小作者外向、矛盾和暴躁的性格。

图 5

弗朗切斯卡，三岁零一个月

在这一涂鸦作品中，图画的内容表明了她内向的性格。

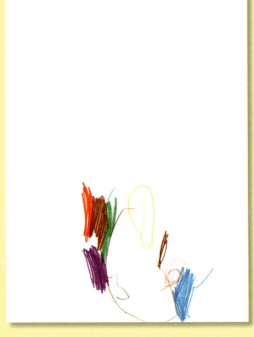

图6

爱丽丝，两岁零四个月

她画在了纸张的上半部分，体现了一种强烈的幻想力。

图7

安娜玛丽亚，两岁零六个月

她画在了纸张的下半部分，这表明她需要一个像树根一样稳固，而且使人安心的家庭环境。

图8

瑞奇，三岁零两个月

瑞奇画在了纸张的中心部分，这是儿童自我中心主义的典型表现。

内向，渴望一个有限的空间，能让她在涂鸦的时候少费些精力，甚至只要让她感受到稳定和安全，她就能觉得很满足了。她不需要太多朋友，但是她的兴趣爱好很丰富。她不喜欢喧闹和混乱，所以那种通过把她"丢进人群"来促使她去与人交流的想法是不可取的。恰恰相反，我们要学会尊重她的需要，了解她的个性，不要把她内向的性格理解成抑郁、自闭或交流障碍。可以这么说，这种案例有一个先天的条件作为基础：害羞。这种情况不是错误的教育导致的，而是因为她极其敏感的性格，但这种性格又像一个自我支撑，给她提供安定的环境。

• 经常把涂鸦画在纸张上半部分（参见图6）的孩子大多拥有天马行空的想象力。他们热衷于创造不可思议的故事，沉迷在自己的幻想里，甚至常常分不清幻想和现实。

• 而那些习惯把涂鸦集中画在画纸下半部分（参见图7）的孩子则更需要安全感。他们需要知道自己是否在家庭或学校得到稳定的地位，因为只有当感觉到自己处在一个安稳的环境中时他们才会安下心来。所以，为了让孩子感到安心，家长就要温柔地给予关爱。比如，当你的孩子问你，他可不可以抱着他最喜欢的毛绒玩具或者含着奶嘴睡觉时，你不要拒绝或者阻止他。

• 等孩子到了六七岁的时候，大多数的涂鸦是画在纸张的中心位置（参见图8）。这表明孩子已经产生了天然的自我中心主义倾向，并开始渴望得到他人的关注。再过三四年，他们的涂鸦就又会倾向于贴近纸张的两侧，但这时的涂鸦就不再那么有指向性了。

线条

• 用果断、流畅的线条（参见图9）涂鸦的孩子，对自己的喜好更加确定，会用巨大的热情来面对现实生活。从熟悉的氛围到陌生的环境，在这个融入的过程中，这样的孩子不会遇到困难，比如说上幼儿园，他们能够很快并且主动地和其他孩子打成一片。

• 而用断断续续的线条（参见图10）涂鸦的孩子，害怕和家人分开，害怕和生人接近。他们一般很胆怯，不容易适应。上幼儿园对于他们来说是一种令其焦虑的经历，因为他们会觉得这是父母想远离自己。这样的线条很明确地传达出一点：孩子需要用爱和家人的陪伴来得到安全感，从而

图9

**托马索，三岁
零九个月**

流畅的线条表明
托马索对自己的
感情很有自信。

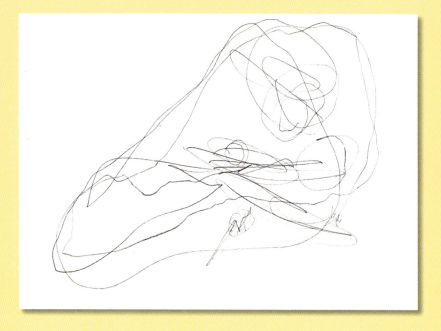

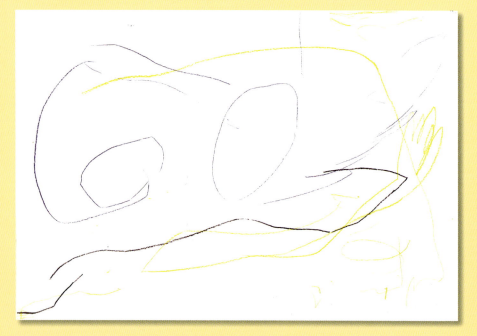

图10

玛格丽特，三岁零三个月

从这幅作品中，我们可以看出玛格丽特因为无家可归而感到十分难过。玛格丽特在涂鸦时
可能有点不知所措，因为画面中的线条都显得犹豫不决，这也说明她非常需要一个温暖的
怀抱、一段亲密的关系来保护她。

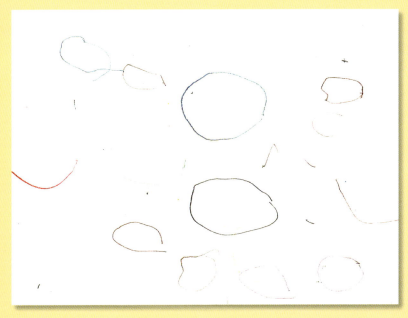

图11

弗朗西斯科，三岁零一个月

他下笔很慢，涂鸦几乎占满了整张纸，这说明弗朗西斯科内心非常渴望平静。

图12

大卫，三岁

这幅"速成"画告诉我们大卫是一个精力充沛、活泼机灵的孩子。

消除焦虑。

父母（尤其是妈妈）或者其他成年人给孩子的安全感能确保孩子得到稳定的爱和无忧无虑的成长环境。对于孩子来说，令人不安的环境是恐惧的源头，使他们心生焦虑，对大人更加依赖，因而对外界萌生疑虑。杂乱无章的线条是这种恐惧的征兆，体现孩子对与父母身体接触的需要（也经常代表孩子想和父母一起睡的愿望，睡在大床上可以缓解孩子的恐惧）。

画线的动作和速度

孩子画画的速度是一个很重要的讯息，传递着他们的成熟程度、活力和接受现实的倾向。

• 东一笔，西一笔，慢慢地画出来的涂鸦（参见图11），预示着孩子需要一个轻松的环境，让他们能够条理清晰，富有逻辑地表达自己；也可能是懒惰的表现，懒得用语言表达自己，以后也可能因为懒惰，不愿坚持完成目标。这样的孩子不容易因外部因素而变得兴奋活跃，他们不喜欢对无关紧要的事情劳神费力，更愿意保持一如既往的冷静。在学习方面，虽然结果不是立竿见影的，但可以肯定的是，不断地努力和很好的领悟能力能够确保他们取得令人满意的学习成绩。这就需要我们顺着孩子的学习节奏，给他们宽松的时间，而不是不停地催促他们，向他们施压。

• 快速敏捷、极具活力的涂鸦（参见图12），是思维活跃、想法丰富、情感热切的体现。这样的孩子知道如何缓解自己的激动情绪，能够自我调控正在做的事情。他们还具有慷慨和不认生的性格，这也使得他们有能力进行"团队合作"，并且建立新的关系，因为别的孩子和他们相处不会感到不自在。然而事实上，这些孩子通常比较敏感，急于得到所有他们想要的。所以，当我们使用新的观测器材来记录孩子的行为时，他们的情绪浮动明显增大；当他们的需求没有及时被满足时，他们也会表现出急躁和厌烦。

下笔力度

孩子在作画时的下笔力度是生命力最直接的体现。

• 这幅特征鲜明的作品（参见图13）向我们传达了小作者生活的"负

担"，即缺乏面对现实的态度和可以带给他能量的安全感。同时，这幅作品也表明小作者天生就有反抗性格以及很强的控制局势的能力。这种"力量"会在心理上让孩子变得非常积极、活跃，甚至好动，不过他们往往会在游戏中找到能释放自己充沛精力的"水龙头"。他们需要空间，需要自由，如果这些要求得不到满足，他们可能会变得暴躁易怒，产生攻击性行为，并且大多数时候会把怒火发泄在身边的小朋友或者物品、动物和玩具上。但无论如何，家长都不用因为孩子画了"特征鲜明"的画，或者有了攻击性行为而感到担心害怕，因为这只是对孩子性格的推断，并没有完全判定他的天性。

• 轻柔的下笔力度（参见图14）体现出一种敏感的性格，一般会通过害羞的行为、压抑的状态等表现出来。这样的孩子会很容易感到疲惫，他们需要多多休息，所以家长不要每次都催促他们。下笔很轻还说明孩子在快速适应环境、融入氛围上也有一些困难。家长应该注意以下几点：尽量避免让孩子参加不喜欢的体育运动，同时也要限制孩子参加其他对身体负荷过大的活动。不过，虽然他们体质相对虚弱，但他们却有更丰富的想象力和更细腻的情感，相应地也更需要多进行感情交流。图14的小作者马特欧是一个温顺的孩子，他能努力容忍来自身边环境的不愉快，尽量避免正面冲突，即使面对同学的挑衅，他也只是忸怩地回避了事。家长和老师应该帮助他，让他不再害怕其他的孩子，把他带入孩子的圈子里，但要循序渐进，不可以强迫他。其实像这样轻柔的下笔并不是压抑情感的体现，而是谨小慎微的体现。他对凡事都小心翼翼，但这也是他一直被不安感包围的原因。

• 被大片的点和线条画满整张纸的涂鸦（参见图15）表明了焦虑，同时也体现出小作者正处于一场争取自立的心理斗争中。雷纳多正面对着从美满的家庭和安稳的关系中脱离的困难，而他正在通过他的涂鸦向外界寻求帮助。他的作品表达了他对肯定与支持、理解与同情的迫切渴求。另一个很情绪化的孩子常常担心自己会失去最亲爱的人——她的妈妈（参见图16）。整张纸被大片大片的涂鸦占满，这说明小作者正处于一种十分焦虑的情感状态中，极其需要正视并处理这份因为害怕失去妈妈而十分激动的情绪。

**马克思，三岁
零两个月**

他用线条果断
地画满了整张
纸，揭示出他
那种显著的生
活"负担"。

图14

马特欧，三岁

他用笔的力度很轻，体现了他比较敏感的性格。

间隙

•带有棱角又杂乱排布的直线（参见图17）反映了孩子害怕被抛弃或者失去心爱的人或物，比如爸爸妈妈、兄弟姐妹、自己的家和玩具……这种是易怒或易焦虑的孩子会画出的典型线条，比如说，当一个让他们有安全感的人离开时，他们就可能把情绪表现在纸上。所以，家长们必须读懂孩子传递出的这种恐惧，要用温情的陪伴来安抚他们。

•当孩子快速地画出一连串断断续续的线条时（参见图18），小作者只是在试着模仿爸爸妈妈的连笔字。这并不意味着孩子们已经开始写字，而仅仅是对大人行为的模仿，他会觉得自己写的和大人一样。孩子们开始学习写字的阶段要晚一些，需要等到大脑运动神经结构更加完善，能够控制精细的动作以后才开始。

图形

•圆形是第一个映射在孩子认知里的图像：脸形，尤其是妈妈的脸，然后再是眼睛、鼻子、嘴巴的影像，圆形不仅是脸的形状，还有着代表性的意义。

•画曲线的孩子（参见图19）具有开朗热情的性格，也生来愿意和同龄孩子一起交流玩耍。这个简单的几何图形代表着小作者适应性强、慷慨大方、容易与他人相处的性格。画圆的动作是协调的，神经和肌肉处于放松状态，没有紧张感；我们可以回想一下自己儿时玩的滚铁圈游戏，这个游戏流行于世界各地的孩子之间，它是儿童运动神经发展的一个基础阶段。

•孩子画画时，图画中有棱角（参见图20），动作紧绷又带有宣泄的意味，这透露出他们紧张、抗拒，还有不想生活在束缚中的心理，也表明了有什么事情让他们感到不快。

紧张会由多种因素决定：天生敏感或腼腆内向的性格，这样的孩子需要我们对他们不断地鼓励；他们难以适应新的环境，新的环境可能是弟弟妹妹的降生，或者幼儿园生活的开始。

对于内向的孩子，这些问题都是极其常见的。但很重要的一点是，通过孩子们的涂鸦，我们要能感知到他们想传达的害怕和不适，他们可能不

图15
雷纳多，两岁零七个月
点和无拘束的线条是愤怒的信息，这反映了他做着焦急的心理斗争，他希望赢得独立。

图16
劳拉，四岁零一个月
一块一块的构图，暗示着劳拉害怕失去亲人的喜爱，尤其是她妈妈的爱。

图17

埃琳娜，三岁
在整张纸上画了一些破碎的线条，这反映出她害怕与心爱的人或物分离。

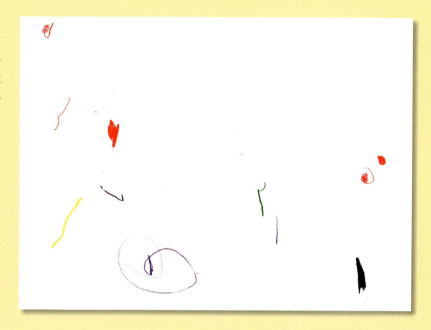

图18

马特奥，四岁零三个月
尝试着模仿连笔字。

图19

尼古拉，三岁

接连不断的曲线，一圈又一圈，看起来非常和谐，这凸显出他开朗的性格。

图20

伊丽莎白，三岁零一个月

她的涂鸦里充满了紧绷而愤怒的排线，这展现出她内心的紧张。

知道如何用其他的方式表达这些。

说到孩子的不适，实际上，可能只是由于他们习惯上一点点的改变，或者是我们让孩子们再多努力一下的要求，然而那时孩子可能已经筋疲力尽了，这些都会使孩子感到不适，他们害怕因为自己做不到，而失去爸爸妈妈的爱。

孩子还可能把一些新的变化，视为一种拒绝或者爱的衰减。比如说，和妈妈分开，不管多长时间，如果再涉及弟弟妹妹的降临，那么他们的不适就更加明显。

在此种情况下，孩子用自己紧绷、略有怒气的行为，传递出他们的不开心。

孩子的这类涂鸦，如果不是在着急不安的情况下画的，那么还可以被理解为孩子坚强意志和执着性格的体现。这样的天性会激励孩子，坚定地表达自己的愿望，并为之不懈地努力，这与我们平时所说的"倔脾气"有些相似。在以后的生活里，这种性情能够帮助他们克服困难，走向成功。

图形的演变

孩子最初的涂鸦，仅仅是在纸上随意地画两笔，却是他们生命力的展现。随着年龄的增长，到了差不多两三岁的时候，孩子能够掌控用笔的动作，也能够画出相对完整的图形，他们就可以更清楚地描绘真实世界了。

渐渐地，孩子可以仿照他们看到的物品，画出更多的形状，螺旋形、拱形、半圆形等所有图形都变得愈发熟悉。能够控制运笔后，孩子就可以根据自己的想法使用手里的笔作画。

画圆弧的动作是最自然的，这也是为什么孩子在涂鸦中，第一个画成的图形普遍是圆形。而后，由圆渐渐地才演变成角，因为画角要求动作有意识地收紧。

圆到角的过程大致会经历如下的图形变换：

1. 椭圆或圆形
2. 水滴形
3. 方形
4. 直线

孩子再长大一些，到了两三岁或者四五岁的时候，学会画简单的新图形，和圆形结合到一起，自然而然地创作出复合的图画。这些基础的图形慢慢地演变成所有复杂的图形，孩子们在自己的画作中将其展现，我们也能从中看出这个年龄段孩子的特点。

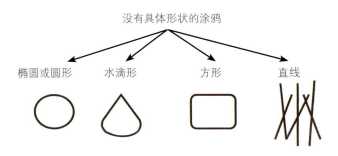

没有具体形状的涂鸦

椭圆或圆形　　水滴形　　方形　　直线

圆形会变成：
- 脸
- 太阳
- 小花
- 轮子

水滴形会变成：
- 躯干
- 小鱼
- 房顶
- 树冠
- 树上的果实

方形会变成：
- 房屋
- 树干
- 小汽车
- 火车

直线会变成：
- 胳膊
- 腿
- 头发
- 树枝
- 街道
- 小鸟
- 栏杆

绘图工具与技术

在条件允许的情况下，每个孩子在作画的时候都会选择与他个性最相符且最能配合当时灵感的工具来辅助自己的创作。从喜欢的工具，到表达的方式，再联系纸张空间的利用并加以分析，我们就能得到很多有用的信息，从而了解我们的小艺术家都在想什么。

除了孩子们从小就经常使用的工具，如铅笔和彩色铅笔（因为几乎每个家庭和每所幼儿园都会有这两样文具），我们还有其他可供参考的工具，比如油漆颜料、水彩、彩色蜡笔、可以用在黑板上的彩色粉笔等。对孩子来说，发现和"探索"这些多种多样的工具，也是乐趣的一大来源。孩子对不同工具的运用可以向我们展示他们的个性和情绪，那么在本章中，我们就将共同探讨绘图工具如何告诉我们有价值的信息。

以手为笔

用双手涂抹颜色，孩子会用这种方式向我们呈现他性格的许多方面。我们尤其要注意手指在纸上的"笔画"，因为这象征着孩子与外界的联系与相处方式。不要因为过于注重干净整洁而压抑孩子，要让他们积极主动地把手指伸进颜料里，把他们的快乐挥洒在纸上。这样一来，孩子就会发现自己也能以某种方式影响并主宰周围的环境。家长在给予孩子相应的鼓励和称赞之后，还应该注意纸上的第一条印迹被他们画在了哪：上部还是下部？左侧还是右侧？抑或是中间？

• 能清楚地明白自己感受的孩子常常会涂满整张纸，把图形都画在一起或者围成一圈，以此来证明自己外向、善于交际、适应力强的性格。

• 只画在纸张下部或者左侧的孩子通常都非常需要来自父母的拥抱、呵护与疼爱，尤其是妈妈的爱抚。

• 当纸张被使用的部分多为上部或右侧时，则说明孩子爱幻想、有丰富的想象力、渴望与外界接触、好动，需要大量的运动来释放自己充沛的活力。

• 但是，如果孩子刚把手蘸到颜料就不想再继续，哭着要马上把手弄

干净的话，那就要轮到妈妈来帮忙了。为了安抚孩子，妈妈可以率先把手指伸进颜料里，在纸上画画，同时邀请孩子来和自己做一样的事，但是一定不要强迫孩子这么做。在这种情况下妈妈最好自问，平时给孩子的卫生教育是否太过严格，甚至带有强迫性了。

• 优美地印在纸上的层层重叠的手印，展示出一种典型的审美观和对比例协调的敏感度，是思考与艺术才华的早期体现。

• 不同颜色的手印的堆叠是对创造力、乐观的性格、求知欲和探索能力的体现，可以促进外向性格与行为的发展。为了遵循和鼓励孩子性格趋向的发展，父母应该多给孩子提供与同龄人交流的机会。

五指大张或紧密贴合可以说明对待现实两种截然不同的态度。

• 五指大张是超强意志力的体现，这样的孩子即使面对人生中不可避免的失败与磨难，也会保持坚定不移的态度。

• 五指紧密贴合的孩子往往比较脆弱，只要在生活中遭受一点儿挫折，哪怕只是受了一点儿小伤，他们也要向他人寻求安慰。

手工活动的乐趣

像捏橡皮泥一类需要动手的活动，对孩子更富有吸引力，因为这种活动能够刺激孩子的触觉，让孩子感受到物体的形状，还能让孩子创造出新的、完全属于自己的作品。没有什么比捏出一个东西的模型更能让孩子感到惊奇，这是一种创造，孩子能亲眼见证一团无形的物质是如何变成可爱又招人喜欢的物品和图案的。通过这些活动，孩子从很小的时候就能发散思维、发挥想象力，还可以灵活运用自己的小手，特别是通过精细的动作来让家长了解到他们的爱好。这样一来，等孩子长大了，他们就会在像雕塑、绘画一类的活动中表现得更出色，或者在学习乐器的时候感到更轻松。

即使有被弄脏的风险存在，鼓励孩子和"创造艺术"的工具直接接触，仍然是非常重要的。老师和家长的"放任自流"也是一种很好的方法：触摸、使用和弄脏手都是求知欲的体现，这些行为可以让孩子不受限制、无拘无束地自由成长。

油彩画

用油彩画画对每个孩子来说都是一件很有趣的事，漆料的稀释、溶解和液化都让他们着迷不已。从颜料管里挤出不同颜色的油彩、权衡配色、调和颜色，通过这些行为，家长也能从中了解到孩子的部分性格因素。节约的孩子每次都精打细算，只挤出很少的颜料，而且为了一点儿都不浪费，他们通常都会从下面开始挤。乐观的孩子为了能让自己有充足的颜料可用，则会尽量多挤点儿出来。这种热情的性格最突出的特点就是慷慨大方、拥有能轻松地与别人建立友谊的能力。

只需要三样东西：刷子、水和油彩，就能让孩子成为一个初出茅庐的小画家了。除此之外，如果还能加上一套"画家服"，那就可以说是万事俱备了。我们建议家长想办法给孩子准备一件衬衫和一顶像样的小贝雷帽，这样孩子就会觉得自己已经是一个货真价实的艺术家了。虽然这些只是表面上的乔装打扮，但只要孩子喜欢，那这种模仿对他们的自由成长、自由发挥就是有教育意义的。

水彩

水是人们对伊甸园最早的记忆。胎儿在出生前要完全依靠母亲，在羊水里生活9个月。水会让孩子回想起在母亲子宫里的时光，那里是远离一切喧嚣与不适的庇护所，是减轻痛苦、享受欢乐的港湾……

不过也有的孩子会对水表现出不适感和恐惧感，这可能是因为他们还在母亲的腹中时曾经受过创伤。这样的孩子往往不愿意洗澡，并且去海边或者游泳池的时候，刚碰到水他们就大喊大叫。这是因为他们真的不想接触到水，他们要在大人的帮助下才能慢慢克服恐惧与不适。

而水彩，在帮助孩子克服对水的恐惧上可以起到一点作用。父母鼓励孩子去逐渐亲近水、熟悉水是件好事，多让他们看看怎么清洗刷子和画笔、怎么准备水彩颜料，如果他们能接受的话，还可以请他们来帮忙洗画画时穿的小围裙。通过运用水彩来让孩子接近水是一种非常巧妙的方法，它不会给孩子带来伤害，因为水彩能给他们带来心灵上的平静，从而降低未来继续对水产生焦虑情绪的风险。

图21

阿梅里奥，两岁零四个月

他为自己的涂鸦选择了蓝色、绿色和红色，这个搭配向我们展示了他良好的审美观，但也体现了他非常需要，甚至是渴求安心和保障。

图22

卢卡，三岁零三个月

出于对颜色的考虑，他选择了画起来更流畅的水彩。这幅画说明他有着极度敏感的个性和与生俱来的孤僻倾向。他有时会从静谧与美好中脱离出来，需要在爸爸的劝说和帮助下才能"重新振作起来"。

画完之后还要收拾干净！

美术是一门很有条理性的艺术，它有很多需要遵循的准则：衬衫和贝雷帽在使用过后要收好，画笔、刷子、刮刀、海绵、颜料管和调色板等工具要洗干净并且放整齐。

如果孩子比较懒，东西总是乱放，父母就要切记：不要替他收拾东西，只要给他准备一个能放下所有他自己的美术工具的小角落就够了。如果这样，孩子还是不自己收拾这些东西，那家长就要在不提高音量的前提下，态度明确且坚定地告诉他们要对自己的事情负责，比如可以这样说："你要想成为一名小艺术家的话，就必须把自己打开的颜料管拧紧、收好，这样里面的颜料才不会凝固变干。"

由"每一样东西都要有自己的位置，从哪里拿的就放回到哪去"这个准则形成的特点，我们可以推出这样一种逻辑思维：从小事抓起，鼓励培养孩子的责任感和自主意识。

喜欢用水彩画画的孩子通常对美有着非常敏锐的感觉，并且也往往拥有尤为感性、细腻的心思（参见图 21 和图 22）。父母平时应该多多留意孩子这颗极其敏感脆弱的心，要努力让他们感受到疼爱与呵护，常用积极温暖的话语鼓励他们，呵护他们的自尊，尽最大可能避免不必要的麻烦。

彩色粉笔

有可能孩子不是很喜欢用彩色粉笔在黑板上画画，原因有很多，可能因为黑板上的画注定会被擦掉；也可能因为恼人的粉笔灰：画画时会蹭到手上、用黑板擦擦黑板时灰会扬起来等。在这种情况下，爸爸妈妈要循序渐进地帮助孩子体会"转瞬即逝的魅力"。需要做的很简单：在孩子的面前画黑板画，然后试着让孩子加入进来，一起选择要画的主题和要用的颜色，但注意不要强迫孩子。可以保证，一段时间过后，孩子就算蹭到了粉笔灰也会很开心，甚至会学着爸爸妈妈的样子自己动起手来，挥舞着粉笔在黑板上画满自己的大作。

一旦孩子画得愈发熟练，黑板画就会成为神奇的魔术，而孩子就是心灵手巧、技艺超群的魔术师，在黑板上呼风唤雨，不留一丝痕迹。而这也是让孩子觉得有趣的地方，他们终于可以随心所欲地表达自己的想法，而

不用害怕犯错或者被父母纠正了。因为有时父母评判性的态度和言语会让孩子感到畏惧，这正是他们不希望的。

手，非比寻常的"黑板擦"

家长一定已经注意到了一件事：孩子们在画黑板画的时候，最中意的一项娱乐就是使用非比寻常的"黑板擦"。他们会用自己的小手来擦黑板，甚至更喜欢拿衬衫和毛衣的袖子当黑板擦。这是一般孩子都会有的本能行为，即使是大人，在黑板上写错字的时候，也会因为急于擦净错字而选择直接用手蹭掉。而对于孩子来说，用手和袖子擦黑板完全就是一个自发的行为：用手擦是一个自然而然的动作，随手就能擦干净，方便又快捷，不然还要费力去找抹布。

魔术游戏

黑板和粉笔能把孩子带进游戏中，一种能显示出他们的焦虑和恐惧的游戏。让孩子用粉笔画出每一位家庭成员，然后再让孩子像变魔术那样，一次一个地擦掉他们。第一位被擦掉的家庭成员就是给孩子造成最大困扰和最多不适的人，也就是说他该为孩子做出一些改变和弥补了。

但是，如果孩子拒绝擦掉任何一个人的话，那么有两个可能的原因：一是因为孩子觉得家庭是一个整体，要一直在一起；二是因为孩子担心就在身边的家人知道自己被擦掉了会不开心，所以不敢擦。

孩子在黑板上画图或涂色时，家长还可以注意观察一点：当有人靠近时，孩子是否会想要擦掉自己刚刚画上的东西。这种表现能够说明孩子害怕被评判，这可能是因为孩子之前经历过这种负面的评价。如果出现了这种情况，那么最好查明孩子的这种恐惧是来源于爸爸还是妈妈。知道了是父母的哪一方导致了孩子的焦虑之后，那一方就要改正这样的教育方式，从而让孩子获得更多的自信。

这个出于本能的小动作为我们引出了关于对孩子进行适当的卫生教育这一主题。如果家长对孩子的教育太过严格，或者孩子本身的性格特别敏感，那么当脏兮兮的自己被妈妈看见的时候，他们就会哭个不停。这个时候，妈妈就应该安慰孩子，让他们明白并没有发生什么严重的大事，只要一点儿水和肥皂就能解决问题了。为了培养孩子的运动神经功能，把孩子从过于严格的对卫生的执念中解放出来是非常重要的。家长要允许他们在做这些有益的消遣活动时可以自由自在、无忧无虑地玩耍，尽情地发挥自己的想象力和创造力。只有这么做，孩子才能拥有自主性和自信心——这是构建健全、和谐的人格必不可少的两样东西。

自然，家长若能推行"按照标准"使用黑板擦的规则也是一件好事，毕竟就算是被过度严苛的规矩管束的孩子，也至少不会比一个不守规矩的孩子更让人觉得不妥。

彩色蜡笔

软软的蜡笔摸起来就让人觉得愉悦，它能催发人们的情绪，让孩子对周围的世界和现实的感情变得更丰富。除此之外，对于那些在握笔姿势方面有些问题的孩子，蜡笔还能很好地帮助他们促进神经性肌肉收缩（即帮助孩子正确握笔）。

用纸的讲究

白纸，一个需要被填满的空白的空间，代表着对自身的一些限制，这些限制能让孩子逐渐感知、学会并且理解什么叫作尊重。联系到我们面前的白纸，通过这种方式我们才能明白如何更深入地了解"观察角度"这一章的内容，以及一些关于孩子性格、情感和观念的有意义的方面。

有的孩子在两岁的时候就已经知道要控制自己的手，保持在纸张的空白处或者沿着图画的边缘写写画画。而还有的更外向、更开朗、精力更充沛的孩子，则会经常画到纸张之外也不停下，继续画在桌子上，甚至画到其他小朋友的纸上去。但这显然并不是"粗鲁"，这是他们为了研究生活这场庞大的游戏是如何运作而进行的实验。

实际上，从这种自发的、不受限制的态度中，我们可以隐约看出他们

对待生活的方式，和他们与众不同的对情绪与情感的表达。举例来说，敏感的孩子往往只在纸上一处有限的地方画来画去，用画画的笔或者刷子等，在纸上留下一道不易察觉的痕迹。而如果换成是热情活跃的孩子，他们就会充分利用整张纸，试着画满它，不留一点空隙。还有的孩子会不假思索地用铅笔或者蜡笔画过纸上所有可画的地方，自然地宛如他自己就是那支笔一样正在探索、开拓着这张纸。（参见图23和图24）孩子会通过这种方式认识自我，并学会控制自己的冲动。

　　如何安排图画在纸上的位置是尤为重要的，它能提供关于孩子习惯的宝贵信息，让家长知道他们怎么观察、接受并且遵守社会生活的基本准则。而这些准则，家长也要去奉行，并用相应的教育方式让孩子认识其重要性。举一个实际的例子：家长因为孩子说谎而非常严厉地批评了他，但家长却是最早撒谎的那个人。这种行为会向孩子输出一个极其自相矛盾的问题，并让他们陷入深深的疑惑之中。

图23和图24

上图：丹尼尔，六岁

下图：美国画家杰克逊·波洛克

小丹尼尔用自己充满活力又独到的方式将颜色渲染开，他并没有想表明什么特殊的东西，只是想表达一下自己内心的感受。正如美国著名画家杰克逊·波洛克所说："我的创作没有事先规划，也没有安排如何用色。我的创作是完全即兴的……通过潜意识的冲动来自然而然地挥洒涂料。我想要表达，而不是解释。"

颜色的使用

色彩：多么有趣！

孩子喜欢用色彩作画，在不知不觉中，他们能够获得"色彩疗法"带来的好处。颜色给孩子带来快乐，也让画纸活泛起来，好像纸张被赋予了生命，变得更加赏心悦目。通过对颜色的使用，孩子可以表达出自己真实的一面，从而使得大人能够在孩子小的时候就看出他们的秉性。当孩子在纸上（或其他任意可以涂抹的地方）画画时，不论是有意还是随性，他们的情感都会给自己的想象上颜色，画下线条表达自己的感情：感情细腻的孩子会用浅淡的颜色；活跃或急躁的孩子会偏爱鲜艳的颜色。

举例来说，活跃积极又生性好动的孩子，通常更喜欢鲜明的颜色和不间断的线条，画的作品也是充满了典型的曲线。性格敏感的孩子则会选择浅色，画轻柔的线条。一个具有冒险主义并且独立自主的孩子能够动用所有可以使用的颜色，画不同主题的作品，勾勒最原始的图形。

对于有孩子的家庭，不管孩子多大，都不能缺少作画的材料：一盒彩色粉笔、水彩笔或彩铅，再加上白纸，因为画画和涂色既可以反映孩子的天性，又可以让孩子自己学习调色，渐渐地，对孩子的心境和健康也有好处。

颜色的意义

让孩子自由地选择颜色，对于我们理解孩子天性的一些方面非常有用，尤其是当他们对一种或多种颜色情有独钟的时候，因为颜色能够映射出孩子内心真实的感觉和情绪。如果孩子没有特别偏爱的颜色，什么颜色都会欣然使用，那么他们知道如何调和自我与现实，就像把彩虹映在蓝色天空中。

红色

• 关键词：活力、生命力、活跃、积极、活泼、能量、志向、情感、兴奋、激情、勇气、良性的争强好胜和对长大的渴望。

• 行为习惯：偏爱红色暗示着孩子不喜欢被束缚在特定的活动中，他们生性活泼，更喜欢用满心的热情和别的小伙伴一起玩耍，也需要得到别人的注意。

在情感层面，红色可以激发活力，对懒散和懈怠的状态尤为适用。

• 性格局限：侵略性。孩子在行为上会反复出现一些过激的举动，如果不及时制止和疏导，孩子会变得叛逆，或者内心压抑，沉默寡言。有时，一点点的兴奋刺激或者愤怒因素都会让孩子从极度活跃变得充满敌视和急躁。（参见图 25、图 26 和图 27）

黄色

• 关键词：能量、活力、外向、自由、思想开放、兴致勃勃、需要活动。

• 行为习惯：黄色也代表着热情和积极；选择黄色的孩子性格敏感但外向，热切地寻求着友谊。长大成人后，将会善于社交活动，登上通向成功的阶梯。家长和老师不应该抑制他们的活动，尽管有时候他们会把一切弄得面目全非，但他们还是能够很好地审时度势的。父亲在孩子心中应该是一个"参照物"的形象，因为孩子需要在自我拓展的时候获得安全感。

• 性格局限：孩子如果心中对父亲没有什么印象，很可能会变得郁郁寡欢，内心萌生对未来的恐惧。这需要对父子或父女关系，以及家庭内部可能存在的紧张因素做进一步调查。

绿色

• 关键词：安静、休息、平衡、宁静、得意、希望、反射、平静、心满意足。

• 行为习惯：选择绿色意味着孩子的内心缺少安宁，因为这是大自然的颜色，就像神经性镇静剂一样，有利于情绪缓和（所以绿色经常能够使过于活跃或极度暴躁的孩子安静下来）。一般情况下，选择绿色的孩子神经紧张，过于敏感，也比较情绪化；他们也热爱自然，喜欢动物。有一点

图25和图26
上图：苏菲娅，三岁
下图：莱奥波尔多，两岁零十一个月
在这两个小作者的画中，红色都是最显眼的颜色，但是意义却不一样。上面一幅轻柔的线条揭示了小作者羞涩的性格；而下面这张小男孩画的，线条和颜色鲜明，表明了他的外向和活跃。

家长要特别注意，他们是格外感性的，所以我们要小心选择孩子观看的节目，以免孩子受到惊吓。

• 性格局限：绿色寓意着懒惰的本性或内心的抑制。有时，物极必反，它也是气愤和怒火的代表色（要不怎么会在形容人生气的时候说："气得脸都绿了！"）。

蓝色

• 关键词：稳重、安静、竞争心弱、团结、谨慎、需要放松。

• 行为习惯：喜欢蓝色表明孩子对自己的感情有较高的自主控制能力，也有着稳重安静的性格。具有这种性格的孩子通常会在社交情景和安静快乐的独处时光之间相互转换。如果蓝色布满整张画纸，或者蓝色作为背景色，例如土地、路面或者湖泊，这可能是孩子夜遗尿（尿床）的征兆之一。

蓝色是天空和大海的颜色，蓝色的光会让人冷静和放松，所以蓝色非常适用于缓解身心疲劳。孩子的房间里总是应该有一抹蓝色，因为蓝色可以让孩子放松，还有可能帮助孩子解决失眠问题。

• 性格局限：过于冷静。这可能造成孩子情感上的冷漠。

紫色

• 关键词：直觉、悲伤、焦虑、谦虚、信念、宗教意识、理想主义、自我控制、牺牲精神、渴望自我实现。

• 行为习惯：如果主色调是紫色，可能意味着孩子承受着过多来自大人的催促，或者是孩子早熟的责任感，不过也正是因为他们过早地有了这种责任心，随之也产生了担忧，害怕不能达到家长的要求。紫色有神圣的一面，它可以激发孩子的直觉和想象。

• 性格局限：如果喜欢紫色的孩子受到太多来自大人的催促，他们的思维可能会被局限在自己行为之中，难以自拔，因此我们要注意，不应该对他们要求太多。抑郁可以导致自闭，让孩子无法表达出自己的情绪、愿望和感觉。

棕色

• 关键词：严肃、辛酸、不喜欢矛盾和对立的感觉，审慎、舒适、脚

踏实地。

• 行为习惯：选择棕色可能表明孩子被过早地施与责任的重担，这也说明孩子可能展现出他这个年龄不该有的严肃感。家长会训斥孩子的好斗，如果责备过多，可能会激发孩子内心阴暗的一面。而过度保护会阻碍孩子自控能力的养成，也会让孩子丧失自主能力。

• 性格局限：习惯选择棕色的孩子会因为不能达到大人的期望，自己内心也得不到满足而感到难过。

黑色

• 关键词：恐惧、焦虑、谨慎、腼腆、悲伤、抑郁、痛苦、严格、内心丰富。

• 行为习惯：在意大利的文化中，喜欢黑色的孩子会表达出拘束，或者在内心深处饱受不满的折磨。当他们的要求不被理解，想法不被支持的时候，孩子会用黑色来表示内心的抵抗和拒绝。

• 性格局限：这种性格的孩子，情绪往往在毫无原因的情况下，有较大起伏的波动。（参见图28）

灰色

• 关键词：恐惧、害怕、顺从。

• 行为习惯：孩子选择灰色，凸显出当他们面对困难时的畏惧；大量使用灰色会恶化孩子对活力的保留，因此孩子的表现会变得更加拘谨，更加压抑。喜欢灰色的孩子一般很言听计从，所以他们需要培养面对艰难险阻的勇气。

• 性格局限：焦虑。孩子会变得焦虑，是因为他们不能适时地做出决定和不愿被斥责。

粉色

• 关键词：同情心、性情温和。

• 行为习惯：选择粉色是极富同情心的表现，这样的孩子也会注意身边所有的人或物。他们很讨喜，内心情感十分丰富，同龄的孩子都很愿意和他们交朋友，但是他们也有自己的择友标准，他们不喜欢有暴力倾向或者吵吵闹闹的小伙伴。

•性格局限：过于细腻的情感使得他们无法接受挫折和失败的打击。他们敏感的性格在他们的社交关系中会成为一种阻碍。

橙色

•关键词：欢乐、热情、勇气、乐观、渴望长大。

•行为习惯：一般情况下，喜欢橙色的孩子是热心的、开朗的，他们也很爱说话，也热衷于体验新事物。橙色让人高兴，让人温暖，尤其是对于比较自由的孩子来说，橙色可以让他们的行为得到释放。

•性格局限：考虑浅显，轻易相信。孩子必须学会判断，掌控好自己的慷慨，不要一直为别人着想。

青色

•关键词：宁静、依赖性、深邃的感情。

•行为习惯：偏爱青色说明孩子在有人可以依赖时，他会感到开心幸福，喜欢被支持和鼓励，也需要感受到别人的信任。这样的情感使他们的心灵得到满足，并能及时感受身边人的爱。

•性格局限：他们对别人的依赖，可能源自家人冷漠的行为。

图27和图28

上图：迪诺，七岁零一个月

下图：安德里亚，七岁

从这两个小作者的用色中，我们能够看出两种不同的面对成长过程的方式。

迪诺用鲜艳的金属红来上色，这表示了他强烈的侵略心理，想"统治全世界"，来证明自己；而安德里亚倾向于使用黑色，这表明孩子有时会对外部现实感到不适，并采取封闭的态度去应对。

物象

孩子们共同的物象

　　孩子涂鸦或绘画中绝大部分的物象（或者其原型）其实是全人类通用的，存在于人类的潜意识中，是人类文明的一部分，在梦境里，在神话里，在戏剧表演里，在宗教里……所有的这些符号与民族、时代、文化、社会背景都没有关系。在最近的几十年里，科技悄无声息地给我们的生活方式带来了翻天覆地的变化，但是这个关于精神层面和情感生活的物象世界还保持着原貌。很多情感都是不会变的，比如说，对爱情、友情、团结、忠诚的渴求，或者为人父、为人母时难以言表的情绪和心境。这些和孩子在画中赋予太阳和月亮的情感一样是不变的。这些符号从古流传至今，就像共通的印记，伴随着人类的繁衍，一代又一代地传承下去。

最常用的物象

　　在众多的物象中，我们只分析孩子在画作中最常描绘的几种，如下：

- 太阳
- 月亮
- 天空
- 水
- 大地
- 山丘
- 彩虹
- 动物
- 怪兽
- 鸟群

太阳

　　太阳是孩子画中常用的物象。这颗闪耀的星球是男性形象的代表，通过它可以映射出孩子心中理想的父亲形象：力大无穷、无所不能。

　　通过对太阳的描绘，孩子表达出自己想要摆脱熟悉环境的愿望，希望自己不再躲藏于这层保护壳之下，要去探索世界，找到适合自己的角色。

总的来说，太阳是具有光明、热情、生命力的，它象征着男性的力量，对于孩子身心两方面的成长，这种力量都是支持和激励；也代表了孩子殷切地盼望着独立自主，映射出孩子的未来和自我的实现。

孩子们画的太阳各式各样：有光环或者没光环、黄色、橙色甚至可能是红色、黑色；有些孩子还会把太阳拟人化，赋予它眼睛、鼻子和嘴巴。（参见图 29~ 图 39）

图29

丽莎，五岁

在纸的右侧，一个黄色的太阳在高处闪耀，整幅风景非常和谐。她很自豪，能够拥有一个极富安全感的父亲，但是在画中还有几朵云，这暗示出在她和父亲的关系中还存在一些阻碍。

图30

弗朗切斯卡，五岁零六个月

她的太阳从左边的山丘后升起，反映出母亲的形象过于深刻，并直接阻碍了孩子和父亲的关系，造成孩子对母亲的敬畏，也致使孩子无法享有正常的父女关系。

图31

米丽娅姆，四岁零六个月

小作者把她的太阳画在了左边，这个意思其实是希望和爸爸在某种程度上达到默契，却又害怕得到爸爸否定的回应。这可能是因为孩子错误地理解了父亲的爱和温暖，把给予当成约束。

图32

安德里亚，六岁零六个月

小作者在纸的中心位置，用黄色（金子的颜色）画了一个大大的太阳，它散发出长长的光线，温暖着他，保护着他，也给予他力量。我们可以看出父亲在小作者心中积极的形象，尽管父亲会望子成龙，要求严格。

图33

基娅拉，四岁

从小基娅拉的作品中我们可以看到，鲜红色的太阳高高地挂在天空中。这意味着，由于父亲在她生活上和精神上的双重缺席，小作者对他萌生了敌对心理。

图34

马塞罗，六岁零五个月

小作者的太阳闪耀着红色的光芒，但是他又用黑色描了边，这指明他的父亲现在不再懂得如何给孩子温暖，无法再给孩子带去积极的影响，从而造成孩子内心对原来的那个父亲形象的怀念。

图35

基娅拉，四岁零五个月

太阳在云层后边，被云朵围绕着。这显露出小作者内心的难过，因不能和父亲形成默契而产生的沮丧，父女之间的亲情和两人的直接交流受到了限制。为了解决与父亲的问题，孩子试图向别人诉说，最先寻求的可能是妈妈的帮助。

图36

基娅拉，七岁

她笔下的太阳从顶峰尖耸的山脉后升起，这表明她和爸爸的关系并不是很理想，但是她迫切希望这种情况能有所改变，她想更加快乐，想对爸爸倾诉自己的心声。而爸爸望女成凤的要求，对于这副柔弱的小肩膀来说过于沉重。

图37

朱莉娅，六岁

小作者在太阳和它周围云朵的脸上都画上了几笔。在这个案例中，小朱莉娅还没有明确的情感认同观和性别观，也许是由于父母造成了她的这种对自身角色的混乱。

图38

利卡多，六岁

小作者的太阳躲在纸的右上角，这说明孩子的爸爸很少出现在孩子的生活里（或者至少孩子这么认为）。由此给父亲传达出一条讯息：您应该多和孩子在一起，留下更多有意义的时光。

图39

莎拉，九岁

她的太阳从纸的左上角探出头来，表明了在孩子心中，妈妈是唯一可以倾诉的人，这种情况会让孩子感觉不适。

月亮

很久很久以前，人类就被月亮这个美丽的行星所吸引，它的光辉虽然微弱，却恰到好处地驱散了夜晚的黑暗。遵循着 28 天为一轮的周期性变化，月亮在黑暗的苍穹中转动着，代表并彰显着女性的特质。

孩子其实在画中很难运用到月亮这一物象，因为月亮是会和黑暗联系在一起的，每个孩子下意识地都会畏惧黑暗。月亮更多地出现在孩子以下几种情况的画作中：一是退缩的时候；二是在焦急的状态下需要安静的时候；第三种情况通常是由于母亲过度保护的教育方式，使得孩子性别意识不强。长大一些后，尤其是到了青春期，月亮的出现会更加频繁，更多是在女孩子的作品里，几乎都是象征着月经来潮和其周期频率。月亮是夜晚甜蜜的化身，具有灵魂的力量，可以在月光下尽情畅想，这样可以培养孩子的潜意识，丰富他们的想象力，也促进了孩子爱意的萌发。月亮一般不会单独出现在涂鸦中，经常还有其他物象的陪伴，比如，花、花瓶、山丘、圆环、小蜗牛、水果等。（参见图 40）

图40

贝特丽丝，五岁

在她的画中，月亮带领着一队小星星，在长有小花的草地上空闪耀。画月亮的孩子有敏感的性格，不喜欢太多朋友在身边围绕，因为他们受不了嘈杂的环境和急躁的人群。他们更喜欢安安静静地玩耍，睡觉的时候一个安静的小卧室就能使他们更快地进入梦乡；反之，他们就会变得烦躁不安。他们愿意按照时间表的安排去生活，而面对变故，他们就会略显紧张。

天空

　　天空是平静、实际、宗教的象征。画天空的孩子会展现出他成熟而细致的灵魂。然而，当孩子画天空时，尤其是用深蓝色，那么这可能是孩子情感退缩的体现，有时也预示孩子可能又开始尿裤子了。（参见图41和图42）

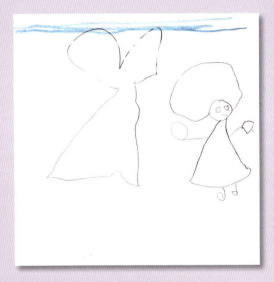

图41

伊丽莎白，四岁零六个月

在她的画中，天空是唯一带颜色的，被画在了纸张最上面的边缘处，这体现了小伊丽莎白有很好的空间构图能力，也展现出她性情成熟的一面。

图42

马蒂亚，两岁零五个月

和大部分孩子经常画的相同，小作者画的天空把其他物象都包围了起来，就像他生活的环境一样，这展现了孩子对自然的早期兴趣。

水

　　孩子对水的描绘有两种解读：一是孩子认为水可以净化一切，表明了孩子很健康的状况，但也可能是危险的征兆（尤其是如果孩子画了充满雨水的云）；二是表达出孩子的恐惧，害怕被责备，他们过于敏感，缺少面对挫折的耐性，这可能会导致孩子萌生焦虑。（参见图43和图44）

图43

乔治，六岁零五个月

当水是以天降小雨的形式呈现时，就像小乔治画的这样，那意味着孩子充满了浪漫主义的幻想，也有点小忧郁。水通常是解放和健康的象征，但对过于细腻的孩子来说，也能反映出他们的焦虑。

图44

菲利普，五岁零六个月

小作者画了一艘小船漂荡在海上，几朵满载雨水的乌云悬挂在天空中。一般情况下，孩子画一些江河湖海的风景，还加上了船、桥或渔夫等形象，意味着孩子正在面对一些需要克服的困难，这些困难引起了他们内心的紧张感，还可能会造成一些倒退的反应，比如说，孩子又开始尿床了。

大地

孩子画大地的方法就是在纸的底部画一条水平的线，绿色或者棕色。大地是一种由母性形象带来的安全的化身，它知道如何恰当地抚育孩子，并且稳定孩子的情绪。（参见图45）

图45
爱莉安娜，三岁
大地的轮廓支撑起了整幅画作。

彩虹

彩虹是天空的一种魔法，赋予人们缤纷绚烂的幻想。儿童画作中的彩虹表达出了孩子丰富又独特的世界，也代表他们的愿望——希望让人眼前一亮，得到大家的注意。画彩虹的孩子会喜欢做一些无厘头的事情，为了让大人感到惊喜，为了化解和爸爸之间的矛盾，总之是为了吸引他们在乎的人的目光。（参见图46）

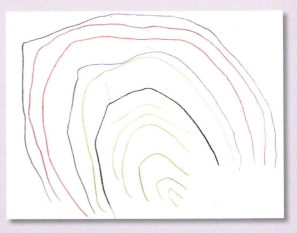

图46
莎拉，三岁零四个月
在小作者的画中，只有一个彩虹，却占满了整张纸。

山

　　孩子把山画得圆润精致，象征着妈妈的乳房，表达出对母亲强烈的依赖，只有肢体的接触才能感到安心，或者是孩子对从哺乳期到断奶期的过渡感到困难。如果是带有尖峰的山或者是绵延的山脉，那么孩子可能生活在一个困难的阶段，比如说，有了弟弟妹妹或者经历了创伤性的事件。（参见图 47 和图 48）

图47

马可，六岁

圆润翠绿的小山丘传达出了小马可的需要——需要找到一个庇护所，也就是妈妈那令他安心的怀抱。

图48

盖娅，七岁

她的两座山都有着尖耸的山顶，这个可能标志着小作者正在经历着一个她不想接受的事实，这让她感到紧张。

动物

容易被小动物吸引的孩子，通常会画一些小动物来驱散自己的恐惧，抒发自己对大人不敢表露的急躁和敌对。因此，对小动物的塑造就是孩子一种情绪紧张的表现。

还有一件非常值得提醒的事情，当孩子选择画一些凶猛的动物（老虎、狮子、蛇、狼、鳄鱼……），一般可以理解成男性的象征，这多数出现在孩子性别认知的时期，男孩子会和父亲之间产生微妙的竞争关系。（参见图49）

关于这个话题，详见第82页及后续内容。

图49

亚历桑德罗，五岁

在小作者画中，有4条小狗和1只小鸟。

怪兽

　　孩子画怪兽表达出一种焦虑，是想把妖魔鬼怪赶走，所以孩子一般会在画中加上一个角色来与之斗争。（参见图 50）

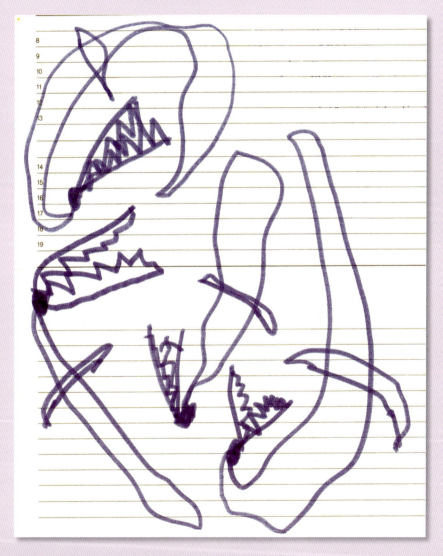

图50

马蒂亚，五岁

可怕的飞行怪兽在互相追赶着。

鸟群

在儿童的画作中，鸟儿会成群结队地飞翔在天空中，还会有房子、树木或人物等形象。孩子其实是在借此表达迫切长大的愿望，想从熟悉的环境中走出来，那里虽然很安全却不自由，就像鸟儿在树上栖息的窝一样。

鸟群其实是非常有指向性的物象，它代表了孩子自身很好的自制力、安全意识和自信；有时也会表达出孩子对家人的依赖——他们仍然需要那个舒适幸福的"温室"。符合第一种情况的孩子很开心，有着天马行空的想象，健谈外向，但是他们也有伤心受阻的时候，需要关心和照顾，驱散不和谐的因素。第二种孩子更愿意停留在家的温暖中，因为他们觉得自己还不能自由地飞翔，仍然需要抚慰和呵护。（参见图51）

图51

弗朗西斯卡，五岁

她笔下的鸟群翱翔在天地之间的空白处。在儿童的作品中，没有几幅是让鸟儿们唱独角戏的，总会有其他的形象出现（在这幅画中，还有一个小女孩和一只蝴蝶）。

从涂鸦到绘画

早期的涂鸦及其演变

孩子们的涂鸦会"蹑手蹑脚地"走进你的家里。孩子会兴致勃勃，面带微笑地向你们跑去，递给你们一幅他们的小作品，说道："这是送给你的礼物！"你们会看到，一张纸上，一幅由简单的线条和图形所描绘的涂鸦，而孩子所做的小小的礼物就是他们爱你们的最好证明，更是一把打开他们幼小心灵世界的钥匙。

一门通用语

原始人类在陶土器物上摁下指印，在洞穴的墙壁上描出自己手的轮廓，这些都是他们存在的证明，至今他们的创造力还能让我们为之震惊，我们无法想象在原始时期，这些创作者具有怎样非同寻常的协调能力，运用着他们唯一的"工具"——手。

同样神奇的事情也会发生在孩子身上，他们看看自己摁在纸上的指印和手印，通过这种方式他们发觉自己在这个世界上是与众不同的，所以他们乐于留下他们的涂抹，以此证明自己的存在。

爸爸妈妈们，如果你们留下了孩子的所有涂鸦，或是尽可能地保留了一些，那么，做得很好。因为其中包含着神奇又纯洁的、具有艺术价值的东西，这是地球每块版图上的孩子所共享的，它把孩子和世界紧密相连。

在所有的文化中，在每一个民族，或者不同的地区，涂鸦都是相似的，因为，涂鸦是孩子们通用的语言。

当代的一些艺术家仍在微妙地运用这种绘画技巧，在纸上画一些极为不规则的图像。他们是想借此唤醒自己最初的行为感觉，留下属于自己的印记，表达自我，并且证明自己真实的存在。（参见图 52 和图 53）

其实，我们可以把一些涂鸦当作是我们孩子练习写字的起源。这是一种非常有意义的行为，它是"新征程的开始"——见证了孩子们的书面用语的形成，并逐步发展成完善的沟通和交流。

涂鸦也像是"脐带"一样，它让孩子有了归属感，尤其是当孩子表现得越来越独立自主的时候。孩子们自由的小手在纸上随性描绘，留下痕

图52和图53

上图：玛丽亚，两岁零八个月

下图：罗伯托·克里普[意·米兰]（1921—1972），空间主义画家

两幅不同的画，有着相同的特点，图画中心线条密集，而周边线条渐渐变得稀疏。

迹，表达自我，流露真实的感情，还有他们迫切希望让这个世界知道自己的想法。

我们要注意孩子们的涂鸦

家长应该重视并充分地利用孩子上学前这段宝贵的时间，对于孩子们的涂鸦，家长往往表现得漠不关心，或者相反，对其过度夸奖，这是溺爱，起不到教育的意义。

如果我们家长懂得了涂鸦这门无声的语言，就能够进到孩子们内心的小世界里，和他们建立更加亲密的关系。爸爸妈妈们学会这门"原始的语言"后，就可以了解孩子最真实的一面（有时孩子不愿意向外表露自己真实的想法），也能掌握他们成长的节奏和最迫切的需求，进而为孩子的茁壮成长助力。

孩子们上了幼儿园以后，他们的性格特点就会显露出来。而我们作为家长，不要再以经验之谈来约束孩子，也不要把自己的品性强加到孩子身上。这样，我们就能从涂鸦中读懂孩子的真性情；反之，我们会在孩子的心路中错失很多。

涂鸦告诉了我们什么

通过涂鸦，我们可以更容易地看出孩子的意识和情感。孩子为了让涂鸦更鲜活而采取的涂色的方式其实就像是一面镜子，能够折射出孩子的所有心思。打个比方，一个精神饱满的孩子，他画的东西基本上都是各种打打闹闹、棱棱角角，这些能反映他的活力，而不是一些柔美的线条。（参见图 54 和图 55）

孩子的负面情绪有很多，害怕、好斗、愤怒、焦躁、嫉妒等，而对于爸爸妈妈来说，要及时发现，并采用积极的方式来疏导孩子的情绪，强化他们心中爱的概念，提醒他们要保持愉快和情绪稳定，与人和物要建立积极的关系。

如果孩子用涂鸦表达自己内心的世界，而大人能看懂其中的含义，那么，孩子和大人之间就架起了一座沟通的桥梁。

涂鸦的元素

要想准确地看懂孩子们的涂鸦，我们必须先认识一下涂鸦中都有哪些基本元素。

•首先，每一幅涂鸦都有最基本的两个元素——孩子画画的动作和画出来的线条。孩子画画的动作，可以清楚地表现出他们的意向和意图，还有孩子自发和随意的两种状态；而关于画出来的线条，我们则要看孩子的掌控能力，是流畅还是卡顿费力，以及纸张的分配和使用情况，再有就是要注意，孩子是使用弧线更多，还是更愿意画棱棱角角。

•其次，画一幅涂鸦至少包含两个基本的时间点：孩子决定下笔和涂鸦结束的时刻。和所有创作过程一样，孩子涂鸦也在"寻求灵感"，在脑海里进行构思，最终将其呈现在纸上。

•最后，在孩子的绘画过程中，还有两个非常重要的因素：感知和反应。感知，是孩子利用所有的感官系统，接受和理解周边的世界传达给他们的信息；反应，使得孩子能够向外部世界做出他们自己的回应。

涂鸦的阶段

从孩子的小手能够摆弄小物件时起（也就是三个月大以后），他们就开始不断探索，也不断发展自己的智力和情绪。

当孩子两三岁的时候，画画已经成为他们生活中很重要的一部分，因为这个年龄段的孩子一般已经可以控制自己的动作，而且开始具有一定的协调性，因而能够完成属于孩子自己的艺术作品。通过涂涂抹抹，孩子可以增强感知能力，更好地融入现实世界。

为了探索孩子从涂鸦到绘画再到写字的一系列过程，我们需要借助很多概念，如运动神经学、感官认知、心理偏向、空间布局、图像的象征意义、语言学……了解以上概念有助于我们家长更直观地认识，图像表达能力是如何形成的。

其中，成熟的神经系统是孩子拿笔、扶纸、作画等一系列动作能力的基础条件。神经系统的发育是阶段性的，与年龄无直接关系，也就是说，有的孩子神经系统可能会过早发育，也有一些孩子的发育较为缓慢。

图54

马特奥，两岁零十个月

这幅涂鸦透露出了小作者的不安，应该引起家长的注意。棱角分明的线段，圈圈点点的笔画，这些总能表达出孩子和身边人之间的交流存在问题。

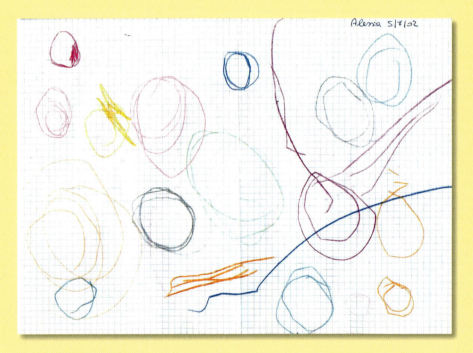

图55

阿莱西娅，两岁零十个月

她的涂鸦由许多彩色的圆圈组成，这揭示出她是一个非常敏感，很难经受住挫折的孩子。爸爸妈妈应该注意，不要催促像小阿莱西娅这样的孩子。

在运动神经支配下的动作协调程度，会经历以下几个主要的发展阶段（以下年龄仅供参考）。

纯运动阶段（20 个月之前）

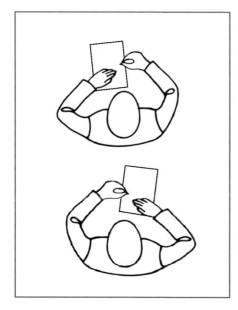

· 单侧画线：右撇子的孩子会把线单一地画在右边；而左撇子的孩子只在左边画线。

· 离心画线：孩子以自己为中心，从靠自己近的地方起笔，往左或往右向外画线。

· 画弧线：画弧线有正反之分，也就是逆时针和顺时针之分。这种选择不是随机的，而是取决于大脑的结构。孩子三岁以前可能都不会改变这种画弧线的方向，三岁以后才渐渐能够画完整的圆形，并且自由选择画圆的方向。

感知阶段（20 个月到 30 个月）

这一个阶段还可以分为两个小阶段：第一个是孩子逐渐适应在有限的空间里涂鸦；第二个是孩子已经熟练地掌握手部活动，并且能控制笔下的线条，从眼随手动，到手随眼动，想在哪画就在哪画（这一阶段很重要，因为这样，孩子就可以在印好的边框里涂色）。当这种控制能力日益增强后，孩子的整幅画作也就越来越完善。

表现阶段（30 个月到 48 个月）

在这个阶段，孩子能够把图画和语言结合起来，他们可以一边画画，一边大声地描述自己的画作。孩子也能在一张纸上，画不同的线条，构成清楚可辨的物品。

为了保证该过程的顺利进行以及进一步发展，需要如下 4 个基本要素：

1. 形状：孩子能够区分各个形状，并且能画直线，而不再单一地画曲线。

2. 比例：孩子可以判别物体的大与小。

3. 数字：孩子可以数清并画出相应数量的人或物，进而做出更准确的描述。

4. 空间：孩子具有了空间感，画画不再超出纸张限定的范围。

各种简单图画元素的混合使用可以衍生出更复杂的图像，举个例子，一个圆加上一条直线，就是最简单的"小火柴人"，这也是孩子画人物的开始。

在这个阶段的涂鸦，孩子还会试图"画字"，他们是在有意地模仿大人写字。

过了这几个阶段以后，一般在孩子四五岁时，成形与不成形图像的区别就会凸显出来，一个慢慢演变成书写，另一个为真正的绘画打下基础。

MARTA
S

进阶的图形和图像

从涂鸦到绘画

当孩子三四岁大的时候，已经过了绘画第一阶段，即涂鸦阶段，他们就会自己去打开新绘画世界的大门。在这个世界里，有两位不可缺少的成员——图形和图像。孩子们从熟练地画圆，到尝试画其他图形和物体，甚至画一些更为复杂的图像。这些图像往往都有特殊含义，孩子们的解释也会让我们大吃一惊，但是在所有同龄孩子的眼中，这些都再正常不过了。

即使是在一张有限的平面世界里，孩子的积极性照样可以被调动起来，孩子也可以掌控这个小小的世界，把自己的内心在其中完整地展现。在纸上，我们的小宝贝们抒发着他们的愿望和情感，愤怒和嫉妒，爱与热情；在纸上，他们随性地掌控着笔下的人物，或大或小，或有或无……

在纸上，孩子能够用画笔实现属于他们自己的奇思妙想。爸爸妈妈或是幼儿园老师的表扬和肯定，也会让孩子的自尊、自信和自主能力得以激发和增长。

自由画画：孩子们共同的选择

我们要让孩子自由地表现自己，想画什么就画什么，这样，一张张的白纸就会变成孩子们的舞台，他们在其中不仅演绎着日常生活，还不断上演着奇妙的剧情。

小男孩通常喜欢画一些打闹的战斗场景，而小女孩更喜欢画一些以家庭或是田野为主题的图画（参见图 56）。尽管时代在变，男女的社会地位在变，但是爸爸妈妈在孩子心中的形象没有改变：妈妈是家庭的总管，爸爸则是家庭经济上的支柱。

图形

孩子从毫无章法的涂鸦，慢慢地学会画一些中规中矩的图形，在这个过程中，他们不断探索，并培养出空间感。

一开始，孩子的图形很新颖，也很难看懂，它们一个个独立存在，却又连在一起，相互交织在同一个位置。每一个图形还都是孩子自己喜欢的样子，这更能反映他们的个性（参见图 57）。前提是孩子具有一定的动手能力，这个能力可能是经常画画所培养的，也可能是孩子本身的画画天赋。

从刚刚上幼儿园开始，孩子们的涂鸦就开始慢慢在向图形转变着。孩子们就像是自己生活的小编剧，总是在开辟新的世界，如果再加上一点点生活的启发，他们总能有许多新的发现。不断重复简单的几何图形，或者画出新奇活跃的图案，在这个图画的世界里，什么都可能发生，孩子很享受这个过程，也会越来越热爱自己现在的生活，还会不时地怀怀旧。

孩子掌握在纸上自由而熟练地涂鸦的同时，也能学会辨别方向——上下左右和正反前后。

那些独特又复杂的图形，有助于孩子性格和能力的养成，促进孩子身体成长，心智成熟。

图像

图像是从对图形的熟练应用中衍生出来的，也是孩子不断探索和审美提高共同作用的结果。这个年龄的孩子对自己的画还没有评判的意识，但是，孩子们能察觉到一点：在图画中，如果自己所表达的越贴合实际，就越容易得到表扬。（参见图 58）

后面的章节会详细介绍一些图像的意义，现在，我们先看一看孩子三四岁以后会画些什么，以及如何解读它们。

· 人物：从孩子笔下人物的肢体动作和表情，我们可以更充分地了解他们的内心想法。

· 房屋：可能表达孩子幸福快乐的生活状况，抑或揭示出孩子心中有被抛弃的感觉，这要看孩子画中房屋是如何呈现的（要观察细节和整体）。

· 树木：树木有各式各样的画法，还会配一些背景，如太阳、小鸟、

图56

佳达，七岁

从小作者的风景画中，我们可以看出，她需要安静的空间，还喜欢做一些美好的白日梦。

图57

皮特，四岁零两个月

从小皮特的涂鸦中，我们可以看到一些成形的图形。

图58

伊丽莎白，四岁

她的涂鸦有了显而易见的图形。

花儿、云朵、草地、蝴蝶等，在树木上可能还会加入果实、鸟窝、巢穴等事物。

　　• 其他：孩子的涂鸦中还会出现小汽车、飞机、武装车等不常见的图像，而这些图像慢慢会组成更完整的图画，关于孩子的生活，关于追逐打闹，关于战争……

机械图像

　　汽车、装甲车、轮船、飞机、火箭、机器人等，这些机械设备都是最近几十年发明的，所以，这类图像也是近期才开始出现在儿童画作中的，而且被使用的频率越来越大。

汽车

　　汽车现在几乎是家家户户必不可缺的交通工具，也是速度和能力的象征，更频繁地出现在男孩子们的作品中，他们还会画上父亲或者自己在开车。

　　经常画汽车的孩子，其实是在试图衡量自己的力量和独立程度，这表现出他们对自我独立的渴望，想着快一点长大，摆脱管制和束缚，他们也不喜欢和他们认为幼稚的孩子一起玩耍。（参见图59和图60）

快艇、小舟、轮船

　　这类图像指明孩子想要得到解脱的愿望，但与此同时也意味着他们需要被保护。这些水上交通工具传达出的信息是，孩子希望还能够泛舟于"母爱的波浪"之中。也展露出孩子敏感的性格，他们需要获得安全感，但是又生活在抑制里，无法驶向脑海中那片新的乐土。

飞机和火箭

　　这两个图像与车和船有着相近的特点：都表示孩子对活动和探索的需要，梦想着能够看一看浩瀚的天空和奇妙的世界。

　　愿意介绍自己的孩子都格外喜欢画飞机，他们会采用夸张的表达，讲述一些非同寻常的故事。而在大人看来这些都是孩子吹嘘的谎言。可是，只有孩子到了一定的年龄，他们才会不自觉地表现出自我主义。

图59

皮特，四岁零一个月

小皮特画的汽车是他渴望独立的标志，他想快一点长大，靠自己的双手，外出打拼。

图60

马特奥，六岁零五个月

这幅画的小作者也画了小汽车，是一辆紫色的小轿车。我们可以看出，他想要开车离开这个有些压抑的地方，去探索世界。

图61

罗恩佐，四岁零十一个月

小作者的飞机几乎占满了整张纸，就像他要探索真实和幻想世界的愿望一样大。

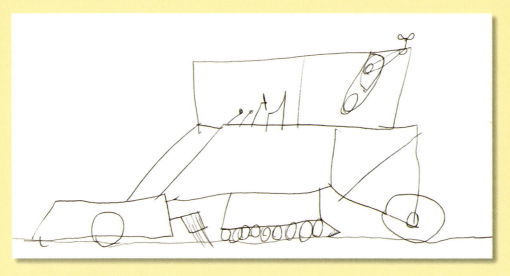

图62

贾克布，五岁零五个月

这幅画表露出小作者对独立和安全的渴望。

经常画飞行设备的孩子其实是小梦想家，他们重视友情和一些精神层面的东西，却很少结合实际。我们就要不断提醒他们要"脚踏实地"，一步一个脚印。（参见图 61）

装甲车

装甲车是一种武力和侵犯的代表，内心脆弱的孩子更愿意用它来消除威胁，他们的大炮时刻准备着，对准他们认为威胁到自己的人，不论是谁都不能触及他们的敏感带。

装甲车不仅是一种攻击性武器，还是一种最佳的防御武装设备。当大人让孩子感到焦虑和害怕时，孩子就会在图画中寻觅一个可以保护自己的藏身之处。在这种情况下，爸爸妈妈要尽可能地劝导孩子，逐渐鼓励他们自立，而不是抑制孩子，这样只会给孩子一个痛苦的童年。（参见图 62）

机器人

如今，在很多孩子的画里，都有机器人的形象，它们是稳固可靠、处事精干、勤劳繁忙的代表，所以，经常画机器人的孩子是小实干家，注重现实，性格沉稳。

但是，这样的孩子也有"阴暗面"，往往和成人的世界缺少联系，缺乏交流，最终两者之间产生鸿沟。因此，我们应该给予孩子情感上的支持，安抚孩子的内心。（参见图 63 和图 64）

动物

爸爸妈妈们可以试着让孩子画一画动物：他们偏爱画的动物可以透露出孩子不为我们所知的一面。

大多数的孩子会选择画一些家养的动物，也有一部分的孩子会画一些野生动物或者神奇的生物。

小鸟

我们的孩子就像嗷嗷待哺的小鸟一样，被爱、被呵护、被照顾的感觉是他们本能的需求。但是，他们也想寻找一个契机，能够离开熟悉的环境，自由地飞翔。对于孩子来说，他们想寻求友谊，和别的小伙伴保持友

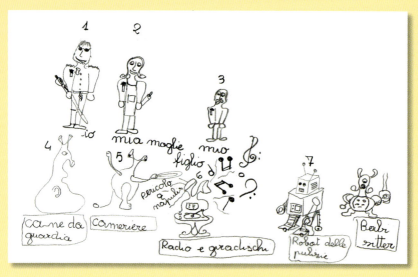

图63
菲利浦，七岁零五个月
一群坚固的机器人似乎在进行着一些意义重大的活动。

图64
阿莱西奥，七岁零四个月
在他的画中，有两个机器人，一个强大，一个弱小。这表明了孩子不愿当弱者，想快快长大。但是，与此同时，也传达出了其他的信息——他非常需要亲人的爱。

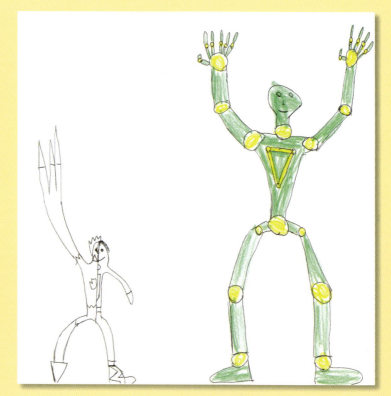

图6s

安吉里卡，四岁

小作者用许多小花和一群小鸟丰富了自己的图画，很多女孩子都这样，这也说明她需要爱和保护。还有很多小女生喜欢用的图像如蝴蝶和彩虹，和小鸟一样，这些图像都反映了孩子的这种心理，他们需要别人的注意，也需要别人的温暖，尤其是从平日照顾他们的人身上得到的。

图66

罗伦佐，五岁

在小主人身边不远处，有只幸福的小狗。小罗伦佐的这幅画展现了他善良温厚，喜欢交朋友的性格。

好关系。(参见图 65)

小狗

喜欢狗狗的孩子一般性格比较善良，慷慨真诚，在情感上又比较依赖别人。他们希望能够有很多的朋友，一起玩耍，一起嬉闹；否则，他们会变得非常的沮丧，还可能有些抑郁。有时候，他们会嘟嘟囔囔地抱怨那些对他们不合理的要求，不过，很快就会释怀。他们有着敏锐的观察力，能够很快地理解别人。(参见图 66)

小猫

画小猫的孩子具有温柔却机敏的性格，就像小猫一样，温驯却狡猾，喜欢安安静静的生活，行动起来也悄无声息。可是，一旦被激怒，就会伸出爪子，准备自我保护。这样的孩子在小伙伴中很受欢迎，因为别的孩子觉得他们很讨喜，也值得信赖。(参见图 67)

蛇

蛇被视为一种神奇的动物，因为它们通过周期性蜕皮，自我更新生长。蛇也是孩子性别认知的象征，常出现在孩子成长的重要阶段，此时的孩子表面上安安静静，但是内心发生着变化。

孩子选择画蛇可以反映很多信息，包括孩子的算数能力、责任感，还有小心谨慎却刚强的性格。这些孩子在情感表达方面会遇到一些困难，他们更愿意记在心里而不是说出来。(参见图 68)

猛兽

画猛兽的孩子都具有的一个性格特点就是争强好斗，尤其是面对并越过阻碍时。这类孩子易冲动，态度强硬，会牵制其他孩子；他们还有其他的特点，比如非常活跃，有些骄傲，渴望独立。他们不甘平庸，在自己的生活里，不愿只扮演一个平凡的角色。

凶猛的野兽还有另外的意思，它代表了孩子生命中那些有权威的"狠角色"，孩子们敬畏它，受其管制。

图67

玛尔塔，四岁零一个月

这只漂亮的小猫，表现出了小玛尔塔的斯文和机灵。

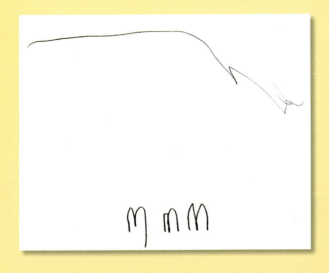

图68

菲利浦，两岁零六个月

这幅涂鸦包含1条蛇（上）和3头狮子（下）。

猴子

猴子是一种聪明的动物，天真又带有一丝狡诈。画猴子的孩子往往很乐观，有着较强的自尊心和敏锐的直觉；他们的小成就也会使我们大吃一惊。

他们的兴趣也很广泛。在大人眼里，只要孩子不墨守成规、因循守旧，他们其实是很多才多艺的，长大后可以从事各种工作。

马

马是能量和身心成熟的象征。孩子喜欢画马，这意味着他们不知疲惫的活力和无忧无虑的心态。他们热爱户外活动，向往无拘无束的自由。但当他们的思维被局限起来时，他们就会感到压抑，萌生坏情绪。

龙

龙是力量的象征。画龙的孩子具有坚强的意志力和敏锐的直觉，认真负责，思维活跃，不管面对多么复杂的情况，都能展现出勇气。他们也喜欢认识更多的小伙伴，但又不乏一点点俗套，应对困难时，他们也能保持乐观的心态。这类孩子需要我们鼓励他们的兴趣，这样能更有效地丰富他们的内在品质。他们不喜欢受到太多的局限，这会使他们变得暴躁不安，甚至对身边的人"发火"。

小鱼

鱼是男性生殖器的一种象征，也代表着欢乐和活跃。画小鱼的孩子性情平和，却又极富想象力。但是我们要注意一点，我们要帮助他们树立起较强的自我意识，以免被一些狡猾的小朋友欺骗。

了解孩子的人格类型

如前文所说，分析涂鸦画作是一个宝贵的"工具"，它能帮助家长更好地熟悉孩子的人格类型，了解孩子的需要。那么，到底什么才是人格呢？

根据瑞士心理学家埃里希·弗洛姆的观点，人格是由气质和性格这两个不同的元素构成的。

气质是与生俱来的，与心理遗传因素是共为一体的，也就是说，一个人的气质如何是从出生那一刻起就决定了的。我们几乎可以把气质比作DNA：两者都是天生的，都有能将每个个体变得独一无二、与众不同的能力。而性格则是后天形成的，它会受家庭与社会经历的影响而有所改变。综上所述，一个人的人格其实是先天因素与后天因素所获质量的总和。

充分了解自家孩子的人格类型，可以使父母在教育孩子的时候，能够根据他们的天性做出正确的选择，开发他们的兴趣爱好，从而促进其和谐性格与成熟人格的形成发展。通过分析孩子的涂鸦而得出的重要信息，也有助于帮助孩子多多参加那些更适合他们性格的活动，还能避免他们犯不该犯的错误，或者遭遇不必要的挫折。

气质

根据不同涂鸦的不同特征，我们可以基于一些特定的气质类型把孩子进行分组。

当然，这个分组既不是严密、刚性的界定，也不是界限分明的划分，它是一个灵活、可伸缩的参考，用来协助家长全方面发掘孩子的各项重要天赋和潜能，以达到给爸爸妈妈们提供最有效的教育方式以及方向的参考的目的。

我们可以把气质类型大致划分成以下九类。

- 领袖型
- 浪漫型
- 活跃型
- 腼腆型
- 好斗型
- 自我型
- 依赖型
- 懒散型
- 情绪型

领袖型

总体来说，他们的特点就是外向。对他们来说，展示自己的才能，让大人，尤其是爸爸妈妈和老师感到欣慰，是非常重要的。他们通常有着温和、大方的性格，因为这种孩子都很讨人喜欢，所以他们往往能交到很多朋友。这一类的孩子经常会让其他的同学加入到自己正在做的事情中来，向他们展示自己所有的杰作和小成就，然后通过给同学提供建议的方式，为自己获得一群自愿且忠诚的追随者。如果哪天他们请假没有去幼儿园或者学校，那他们身边的伙伴就会非常想念他们的果断和阳光。不过，家长也得注意，不要伤害到他们的感情，因为他们的情绪也是非常容易激动的，这也可能导致他们在受伤后会封闭自己。

在涂鸦中的体现

对于领袖型的孩子来说，画纸永远是不够的，他们需要源源不断的新画纸，而且无论是哪一种绘画工具，他们都能熟练自如地用来作画。当他们画满了纸上所有的空白之后，他们还会继续画在桌子上。涂鸦面积很广、下笔力度很大，且毫不犹豫；作品中的人呈现出鲜明的特点，非常高大。(参见图 69 和图 70)

给领袖型孩子的父母的建议

• 不要把孩子的积极外向看作过于活泼，或者给孩子贴上自我主义的标签。

• 也不要限制他们做自己该做的事的空间，因为这样会抑制他们的潜力，助长他们的侵略性。

腼腆型

通常这类孩子并不是天生就害羞腼腆的，而是因为从小生活在拘束的环境下，慢慢变成这样的。在这种忸怩、害羞的基础上，一般会存在一个能把爸爸妈妈、爷爷奶奶和其他同龄人的注意力都吸引走的兄弟，也可能是对医院的收容所或者对某种事物的特殊恐惧使他们变得腼腆，比如担心

自己会处于同龄人的"下层"。即使是在正常的范围内，学会说话的时间晚也会导致孩子变得腼腆。（但是不要忘了，每个孩子学会说话的时间都是不一样的！）而且说话晚还会使孩子为难，让孩子觉得自己难以面对每天的日常生活。

腼腆型的孩子会不断地追求完美，需要持续地满足他们，他们才会得到帮助，解决自己的问题。他们很难与别人建立起关系，或者顺利地适应新的环境，因为他们要在完全了解一项新事物之后，才会把自己慢慢融入进去。

忸怩、害羞、腼腆，这些虽然不是什么缺陷，但它们在建立与管理友谊的时候还是会造成一些麻烦和困扰。

在涂鸦中的体现

腼腆型孩子的涂鸦多体现出笔画之间多间断、下笔力度小的特点，而且还表现为不会利用纸张上空白、可画的部分。（参见图 71）

在画画的时候，腼腆型的孩子会小心翼翼地使用、安放每一样绘画工具，因为他们非常不想弄脏这些东西；还会极尽精准地把每一个图形按照严密的顺序画好，他们害怕自己因为任何一个可能出现的错误受到责备；而且每次进行一项工作之前、之中和之后，他们都要反复确认才会开始。在这幅关于房子的画中，房屋整体就很小，门和窗户也很紧凑地挨在一起，整个画面都给人一种犹豫不决的感觉。（参见图 72）

给腼腆型孩子的父母的建议

• 帮助孩子慢慢融入同龄人的圈子，但不要强迫他们。

• 最适合腼腆型孩子的体育活动就是游泳、舞蹈和骑马。骑马能让孩子承担起照顾马儿的义务，帮助孩子建立起一个双方的关系，从而让孩子能卸下对他人的心防。

依赖型

这一类孩子的依赖性在他们很小的时候就会有所体现，比如当有个生人给他们东西时，他们会用询问的眼神看向自己的妈妈，以此来确定自己要不要伸手去接。依赖型的孩子总是希望爸爸妈妈可以告诉自己该做什

图69

洛伦佐，四岁零四个月

这幅作品通过毫不犹豫、画满整张纸的涂鸦，表明了小作者的占有欲。除此之外，画面中多次出现了棱角分明的图案，这是一个非常典型的标志，这说明这个孩子总想让身边的小朋友都信服于他，而且他还会孤立那些性格敏感的孩子。

图70

爱德华，五岁零两个月

爱德华为图中的人涂色的方式非常有特点，体现出了他的领导能力。从他选择的颜色——红色，以及图中人手的形状我们可以看出一件事：他经常会控制不住自己的侵略性。父母应该想办法帮爱德华抑制它，比如让他加入到体育活动中去。

图71

马尔科，三岁零四个月

这幅作品主要是由断断续续的线条构成的，作者下笔力度很小，多用浅色，表明了他的腼腆。

图72

马尔蒂娜，五岁零两个月

她画的小房子只占据了纸上很小的一部分，而且房子的窗户都很小，体现出她有些封闭、害羞的性格。

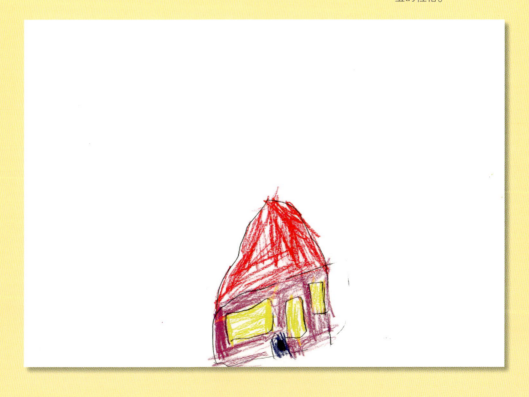

么，或者替自己做所有的决定，甚至到了他们开始上幼儿园的时候，他们都会想着把爸爸妈妈的态度和想法"带"在身边。如果老师没有对他们进行适当的刺激，他们就很难学会自主自立。

不要迫使依赖型的孩子做超出他们能力范围的表现，尤其是为了让他们取悦大人的时候。要尊重并开发他们的天性，家长就要让他们表现出被隐藏起来的那部分潜能，这种潜能是每个孩子都有的，并且是非常强大的。

体育活动不是很适合他们，因为他们很可能受伤；实际上，如果他们从别的孩子那里感到了力量的压迫或受到了欺负的话，他们会因此而开始自我封闭，甚至演变到失去自尊。

在涂鸦中的体现

依赖型的孩子的涂鸦很多会呈圆形，并且有很多犹豫的地方和擦除的痕迹。（参见图 73）

如果孩子只画在纸张的下面或者特别靠左，那说明他们还没有找到能完完全全地表达自己力量的方法，这也许是由家庭或者学校的教育导致的。

这样性格的孩子会给人感觉他们在回避、爱抱怨、经常要人安慰，他们为了不被人看见，总喜欢把脸埋在妈妈的裙子后面。

如果孩子画了一个人，但是没画腿或者脚，而且人物的轮廓很独特，那从中我们能看出他的脆弱。（参见图 74）

给依赖型孩子的父母的建议

• 父母要知道，孩子需要家人和师长持续的认可与赞同，这没有什么不正常的，因为孩子得到的认可是非常重要的精神食粮，能让他们感到满足，至于能帮助他们提升自尊和自信这一点就更不必多说了。

• 父母不要只因为依赖型的孩子都比较脆弱，就觉得他们不知道如何面对现实：只是与同龄人相比，他们需要相对更宽松的时间来塑造自己的个性罢了。

• 父母要永远记得，你的孩子和所有的孩子都是一样的，他们都有自己的潜能，而你的任务就是把这种潜能激发出来，帮助他们获得自己的自尊和自信。

• 为了均衡、和谐地成长，孩子需要认识到自己是一个独立的个体，也就是说，尤其是在孩子与父母之间，自我认知能力是存在很大差异的。

浪漫型

这类孩子的小脑袋里总是充满各种幻想，他们性格活泼、外向，拥有丰富的想象力。

他们总是说个不停，经常向家长和同伴们讲自己创造的小故事。他们也非常愿意去幼儿园和学校，因为和很多人待在一起能激发他们的想象力。

在涂鸦中的体现

浪漫型的孩子大多会在纸张的上部起笔，然后开始涂鸦。（参见图 75）

而这幅治愈系画作则充满了许多细节，比如空中飞翔的小鸟，表明了小作者希望得到一个拥抱，渴望亲人温暖的力量。（参见图 76）

给浪漫型孩子的父母的建议

• 不要否定他们自己创作的小幻想和小故事，不要说他们说的都是假的、是骗人的，因为这样会降低他们的自尊，还会限制他们的想象力。

好斗型

好斗型的孩子都有着活泼好动、不安分的性格：他们喜欢扭来扭去动个不停，还会把自己能看到的每一样东西都摸一遍。他们从小就会竭尽全力来强调自己的想法；他们对同龄人的态度总是比较暴躁，而且就算只是接受生活中最基本的一些规则，对他们来讲也绝非易事。

他们表现出来的侵略性表明，这是他们想要成长和证明自身价值的体现，但同时这也让他们感到心烦意乱。这让他们觉得很不自在，因为这种烦恼来源于一种无论正确与否，他们认为自己已经遭受过挫败。

在涂鸦中的体现

能体现好斗型的元素有以下几种鲜明的特征：经常在纸上留下从背面都能隐约看见的划痕；习惯使用又深又浓烈的颜色（比如偏爱红色）；画里总是有很多的棱角或者是常常画一些凶猛的动物。（参见图 77）

图73

维托里奥，四岁
零两个月

他的涂鸦呈圆形，
表示出他的不安。

图74

费德里科，六岁零七个月

图中他所画的人没有脚，这一特征体现了他对安全感的缺乏。

图75

爱丽丝，两岁
这幅涂鸦的起笔处在纸张的上半部分，表明这是一个浪漫型的孩子。

图76

比阿特丽斯，四岁零十个月
这幅画有很多细节，这也很好地说明了她的浪漫型人格。

图77

亚历山大，四岁
零三个月
这是一幅特征鲜明
的涂鸦作品，大量
的棱角体现了小作
者好斗的个性。

图78
西尔维娅，六岁零四个月
简洁的涂鸦、纤细的线条和清浅的颜色表明了她懒散的性
格。

· 既不要责骂孩子，也不要限制他们的活动区域，至于会起反作用的惩罚和过于严格的规定就更不需要了。相反，最重要的是，父母的教育一定要同步。不要接受孩子的单方面"挑战"，而是要等到自己消气了，再试着和他们沟通、进行对话。

· 最好是能找到一项体育运动，让孩子宣泄自己身上那些多余的能量，同时帮助他们学习遵守规则和自律。

懒散型

这类孩子都比较安静，属于淋巴体质，这种体质在习惯用语里通常被错误地定义为懒惰来使用。他们大多拥有很强大的认知潜能，他们个性温和，简单的几种小游戏就足以让他感到快乐。他们需要精确安排好睡觉、吃饭和做游戏的节奏，并且严格地遵守这个时间表。他们会尽量避开那些太好动、太吵闹的同学。他们非常喜欢抱着毛茸茸的小狗玩具和自己一起睡觉。

他们有能让身边人的心情变好的能力。他们可以按时完成交给他们的任务，这一点在他们开始上学之后是非常有用的。

家长要尤其注意他们的饮食与健康，不然很容易导致肥胖。因此，让他们多做体育运动是很有必要的，家长可以从做一些小游戏开始，带着他们进行运动。

在涂鸦中的体现

懒散型孩子的涂鸦作品，因为下笔的时候很缓慢，所以其中的线条会给人一种软弱无力的感觉，特点不是特别鲜明，且作品整体大多呈圆形。（参见图 78）

给懒散型孩子的父母的建议

· 避免过度强迫孩子，因为这样做是存在风险的，可能会导致他们的情绪出现障碍和不适，从而对他们的积极性和做事效率产生消极影响。

· 要让孩子明白，家长能接受这样的他们，并且家长要向他们证明自己对他们的疼爱与珍视；只有当他们感受到自己在被疼爱着、被珍视着的时候，他们才会对自己和他们所爱的人表现出满足。

图79

瓦莱里奥，两岁零十个月

这幅涂鸦的内容是一个"永动机"。

图80

乔治，三岁

这幅作品给人感觉很果断，而且涂鸦集中在中心，毫无疑问在向我们展示他的自我主义。

活跃型

活跃型的孩子总是忙忙碌碌的，他们精力十足，不知疲倦，辗转于游戏之间，每一种他们都游刃有余。家长会觉得很难管住这些"小淘气"，因为和大多数孩子不同，他们甚至觉得看电视都是没什么吸引力的，所以他们常常会拉着别的小朋友一起，想办法发明一些新奇的娱乐活动。

他们不喜欢被规则管束，如果没有相应的惩罚的话，在参加那些应该安静的活动的时候，他们就会变得很不耐烦，因为他们不喜欢这样，他们已经坐不住了。他们总是时刻准备着接受新事物的挑战。

在涂鸦中的体现

就算是在画画的时候，活跃型孩子的动作也非常迅速，而且他们的画纸永远是不够用的。（参见图 79）

给活跃型孩子的父母的建议

• 不要小看了活跃型孩子的聪明才智。如果家长希望控制一下他们对活动的渴望的话，应该让他们多参加像跳舞、滑冰这一类的活动。

• 家长要避免给孩子过多的管束；但在最开始的几年里，也要为他们制定一些规则，然后温和地实施，以避免他们会产生固执的负面情绪。

自我型

自我型的孩子具有典型的"独裁者"倾向，而且这种倾向会逐渐变得明显。他们通常性格外向，善于交际，能赢得所有人的好感。他们喜欢成为人们注意的中心，并且他们愿意做所有可能的事来达成这个愿望。他们不允许自己是第二名，假如一个年纪更小的弟弟表现得比他们更好，那他们会觉得非常伤自尊，而且极其容易忍不住大哭起来。

自我型的孩子如果觉得谁可能比他们做得更好的话，那他们就不会和这个人玩，而且除此之外，他们还希望自己能一直都是老师关注的焦点。

当这一类型的男孩子们处于一种令他们安心的环境中，比如在家里或者在爱他们的人的身边时，他们会隐约地表现出自己爱出风头的态度。而在不熟悉的环境中和陌生人面前，他们又会很没有安全感。

这一类型的女孩子则会表现出较强的虚荣心，总是需要被人夸赞：她们高度重视自己的外貌，和朋友们一起想办法变得更漂亮可爱，甚至会试图孤立、排挤那些比她们更美丽、更优雅的女生。

在涂鸦中的体现

自我型孩子的涂鸦中会有大量的下笔果断的线条，而且多数会集中在纸张的中心部分。（参见图 80）

自我型孩子的人物画大多画得非常仔细认真，而且通常会占据纸张上很大的部分。（参见图 81）

给自我型孩子的父母的建议

• 在孩子的幼儿时期，家长应该满足孩子对赞美的需要，包括他们以自我为中心的倾向，是可取的。但这之后，家长最好能渐渐降低这种倾向，同时增强他们每个人表达的多样性，家长还要注意避免拿孩子做比较：要让你的孩子知道你对他们现在的样子已经很满意了。慢慢地，孩子就会接受并认同这一观点：世上的每个人都是与众不同、独一无二的。

情绪型

情绪与感觉，虽然两者之间有许多相同的方面，但我们也不可以就此混淆。情绪型的孩子能用不同的方式表达出他们的不安与紧张：突然大哭或意料之外的大笑、在人群中变得非常善谈或像一只小刺猬一样封闭自己，完全不理睬任何人。

在涂鸦中的体现

情绪型的孩子习惯使用比较绝对的颜色（比如黑色），而且下笔的力度会很大。在他们的作品中会反复出现"之"字形和彼此分开的特征。

给情绪型孩子的父母的建议

父母应该有一定的敏感性，并以此来发觉孩子的情感世界，让孩子得以表达自己的情感，比如热情、快乐、积极性，也包括悲伤、难过、愤怒……

图81

吉娅拉，七岁

这幅漂亮的人物画是一个自我型的女孩子的自画像，表明了她非常需要别人来夸赞她的外貌。

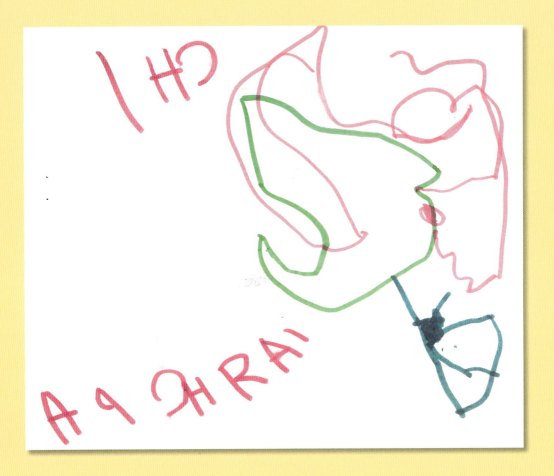

图82

基亚拉，三岁零三个月

她已经学会了如何写自己的名字，而且她的父母也以她为傲。但是这对父母也要注意别总对她抱太大的期望，不要让她做能力范围以外的事，因为这会给她稚嫩的双肩加上过于沉重的负担。

孩子的本能不能被抑制，而应该被引导成为一种"健康的"表达，而且其具有的兼容性也是能够与共同的生活准则相容的。

至关重要的一点是，情绪型的孩子不可以徘徊在他们能力范围的边缘。现在的许多父母都希望自己的孩子做到最好：在这个竞争十分激烈的社会里，几乎所有的爸爸妈妈都想让自己的孩子在学习成绩、体育成绩上争得第一，发挥自己的才能，在同龄人之中大显身手，成为佼佼者。有的时候，孩子在成长阶段中达成的一些"早熟"成就（比如很早就学会写字、计算等）会被家长视为自己骄傲的资本，或者是可以和其他家长炫耀的财富（参见图82）。但家长的这种做法是存在风险的，因为这会给孩子施加过多不必要的压力。尤其是对于情绪型的孩子来讲，这种做法无疑会给他们幼小的双肩加以重担，而这些负荷正是从父母对他们的强烈期望中来的。过于沉重的压力让孩子只能学到一些皮毛，这使得现在的孩子虽然看起来都知道很多东西、准备得非常充分，但实际上又都感情脆弱、不堪一击，受到一丁点儿挫折就想放弃，遇到一次失败就想逃跑。因此，在现在这个时代，我们正面临的一个现象就是关于儿童能力的焦虑现状。

情绪型孩子的父母应该多多给他们安抚，让他们知道自己是被爱着的，并且这份爱是因为他们就是他们，而不是因为他们能做什么；父母还要让他们明白，你们对他们是充满信心的，因为这份信心是孩子构建自主性和安全感的基石。一个知道自己是被爱着的孩子才会带着自信和从容迈入通向外面世界的大门。

性格

简单来讲，我们可以根据孩子的性格将他们归为三大类：外向型、内向型和敏感型。在接下来的一章里，我们将展示大量的涂鸦案例，并对这些不同性格所表现出的特点加以解释，结合涂鸦加以分析，从而帮助父母找到符合自己家孩子的性格。

外向型性格

外向型的孩子需要一个能完全属于他们自己的空间，他们需要参加体育运动来释放身上所有的能量。他们非常善于交际，他们热爱组织各种小

节目（而他们自己就是无可争辩的明星），他们还拥有能够无限发散的戏剧式思维。在进行感情丰富的表演的时候，他们往往都是冲动又热烈的，他们会把自己全部的激情都投入到表演中去。

他们都很注重实际，着迷于新鲜事物，并且对身边的一切都充满好奇。同时也由于这些原因，他们对外的扩展与延伸不应该受到限制，因为这是与生俱来的；如果他们被过度管制的话，那很可能会使他们的能量转化为对他们他们自己或其他人的侵略性行为。

所以，将他们充沛的精力引导到体育活动上就是家长必须要做的事了。让他们练习击剑、排球、柔道，或者参加文艺活动，这些事情能让他们自由地发散那些稀奇古怪的想法。学会如何服务自己，他们的"以自我为中心"的性格最终就会很好地得到扭转。

在涂鸦中的体现

性格外向的孩子往往喜欢占满整张纸，他们会在纸上从一端到另一端，画很多横向的线条和图案。

如果涂鸦中的图案多呈圆形，则表明孩子现在正处于很大的压力之下。他们喜欢鲜艳的颜色，最常用的就是红色。他们涂鸦时会用很多张纸，因为他们的画常常会超出纸张的范围。（参见图83和图84）

内向型性格

虽然这样的事经常发生，但请家长不要把孩子的内向和腼腆与自闭相混淆。

性格内向的孩子大多极其谨慎，他们只习惯自己一个人独处，或者和少数几个被他们精挑细选的朋友待在一起，他们不会轻易地把玩具送给其他人，因为他们对自己的玩具都很珍惜。他们在很小的时候就非常有秩序感，每次当他们完成涂鸦时，他们都会有条理地把颜料收到抽屉里，放回原来的位置。

他们从小就很难接受别人的否定和家长的禁令，而且每当他们被牵扯到"混战"中时，他们都会变得非常焦躁不安。

他们通常都很难能用话语表达出自己的感受，因为他们的感情往往太过深刻，但他们还是非常渴望拥抱的。家人应该学会尊重孩子的谨慎，还

图83

亚历山大，一岁半

虽然他年纪还很小，但这幅涂鸦的特点已经很鲜明地表现了他外向、向往自由的性格。

图84

乔治，四岁零一个月

他的涂鸦体现出他被压制着的、不被理解的外向性格。

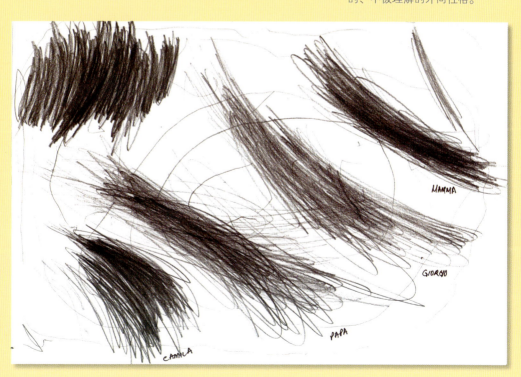

朱莉亚，三岁零两个月

她的涂鸦体现了她内向但又无拘无束的性格。

玛丽索菲亚，三岁零一个月

她的涂鸦说明，或许是因为她总要求太多，所以她内向的性格并不被家人理解和接受。

图87和图88

上图：大卫，三岁零四个月

下图：彼得，两岁零十一个月

大卫的涂鸦下笔力度很轻，而且使用的颜色也非常浅，这就说明了他的敏感型性格；而彼得这幅涂鸦特点鲜明、冲突强烈，而且他使用的颜色都是鲜艳醒目的，画纸也被弄得有些脏乱，这些则说明他是一个感情十分丰富的孩子。

应该尽量避免让家里来太多客人，或怀着"为孩子好"的想法，强迫他们去和别人交流，因为这样做反倒会迫使孩子向自我攻击的趋势发展，或者让孩子由于这种不符合自己脾性的教育而变得更加害羞、不爱说话。

在涂鸦中的体现

内向型性格的孩子通常会把他们的涂鸦集中画在纸上的一个角落里，而且他们似乎尤其偏爱左侧。这个习惯让他们的涂鸦以由短小的线条构成的图案居多，而且这些图案都比较分散，他们在涂鸦时还会经常用到比较素净浅淡的颜色。他们在纸上的笔画往往是由轻描淡写的线条和落笔较重的点相结合的。（参见图 85 和图 86）

敏感型性格

敏感型性格的孩子对挫折的容忍能力和承受能力普遍偏低，而且一旦被批评责备就很容易感到受伤；他们只能不断地从家人那里寻找安慰和满足。

爸爸妈妈一定要牢记，无论从心理、生理还是后天培养的角度来讲，给孩子恰当的教育都是极其重要的：恰当的教育要能够适应孩子的生理和心理结构，这样才能决定教育是否可以遵循并开发他们尚处于发育阶段的人格。

尤其是性格敏感的孩子，他们并不需要太多的食物，他们更需要的是多几个小时的睡眠。父母要从这些信息入手来教育孩子，要意识到孩子的这种性格是非常追求完美的，不要把他们与生俱来的感觉误认为是情绪的体现。实际上，情绪和感觉是完全不同的：情绪是在精神高度紧张或在被急切催促的情况下的一种表现，是暂时的；而感觉则是一个人性格的一部分，是长期存在的。

一个有趣的冷知识：敏感型性格的孩子往往会有着白皙清透的皮肤。

在涂鸦中的体现

性格敏感的孩子在涂鸦时，大多都只是用笔轻轻地划过纸面，而且他们几乎都爱使用很浅的颜色。有趣的是，关于之前提到的情绪与感觉的区别，就可以通过敏感型性格孩子的涂鸦（参见图 87）和情绪型气质孩子的涂鸦（参见图 88）看出来了。

希波克拉底的体液学说在涂鸦分析中的应用

希波克拉底的体液学说除了能够提供疾病发作的病原学解释之外，还是一门能揭示人格的理论。根据西方"医学之父"，现代医学的奠基人，公元前 5 世纪的希波克拉底的观点，人的肌体是由血液、黏液、黄胆汁和黑胆汁这四种体液组成的。体液的不同占比会决定一个人的性格、脾气和整体的生理构造，也就是体质。

• 黏液质：身体中黏液的比例占优势，其属性与水相似，位于头部；黏液质气质者往往性情沉静安宁，反应速度慢，比较懒惰，但普遍很有才华。

• 多血质：身体中血液的比例占优势，其属性与空气相似，位于心脏；多血质气质者都很热情活泼，朝气十足，兴趣广泛，反应灵敏。

• 抑郁质：身体中黑胆汁的比例占优势，其属性与土相似，位于脾脏；抑郁质气质者普遍面色苍白，身体瘦弱，意志不坚定，容易激动，感情脆弱。

• 胆汁质：身体中黄胆汁的比例占优势，其属性与火相似，位于肝脏；胆汁质气质者通常体形清瘦，肤色健康，容易冲动，脾气急躁，思维敏捷，慷慨大方。

现在我们再通过希波克拉底的分类，观察一下不同的体液类型在涂鸦中的体现。其实，孩子在纸上涂鸦时落下的第一笔就可以给我们很多信息，告诉我们很多关于他们的体液类型的信息：在涂鸦里习惯画曲线，不会刻意用力，这是黏液质的典型表现；特征鲜明的涂鸦代表了多血质；轻薄浅淡的涂鸦代表抑郁质；而多棱角、多"阶梯"形状的涂鸦则代表了胆汁质。

黏液质孩子

这一类的孩子是典型的从小就不会受到失眠困扰的孩子，因为他们好

图89

阿祖拉，一岁零十个月

从纸上的线条我们可以看出，她在涂鸦时画的都是曲线，而且下笔也没有刻意用力，这是黏液质气质者的典型特征。

像除了吃饭和睡觉就不会做别的事了。他们性子慵懒，但也十分喜欢和同龄人待在一起，尤其是那些能够维持真正的友谊的孩子。黏液质的孩子性格开朗随和，胖乎乎的小脸上总是挂着微笑，他们的出现会唤起人们的同情心，为自己获得好感，因此，就连他们的懒散都会很轻易地被"原谅"。他们十分热爱美食，而且普遍有在正餐以外的时间吃零食的习惯，所以这一类孩子很容易发胖。

在涂鸦中的体现

在涂鸦的时候，大多数的黏液质孩子会画曲线或弧线，而且纸上的印迹也很淡：他们手中的铅笔或水彩笔只会轻轻地在纸上画来画去，好像害怕自己会"冲撞了现实"。浅淡、不刺眼的颜色是黏液质的孩子最喜欢的。（参见图 89）

给黏液质孩子的父母的建议

黏液质的孩子需要时间来做他们的"助燃剂"。家长最好能按照他们的慢节奏来安排生活，不要总要求他们凡事都迅速地做完。

多血质

这一类孩子十分活泼，兴趣广泛，他们身上永远都有着充沛的精力和生命力。他们能马不停蹄地从一项活动"跳"到另一项活动中：他们总是迅速地爱上一个新事物，也能同样迅速地把注意力转移到其他不同的事物上去。

如果他们哭了（虽然这种情况非常少见），只要一个拥抱就能安慰他们。就像他们做生活中其他事情的时候所表现的那样，他们吃饭和说话的速度也都非常快。

在涂鸦中的体现

纸上的笔迹力透纸背，而且通常偏爱使用鲜艳明亮的颜色，这是识别多血质孩子的涂鸦的基本标志。（参见图 90）

给多血质孩子的父母的建议

家长不要去干涉或限制多血质孩子的兴趣，只要帮助他们进行有逻辑、有条理的管理，让他们能在不浪费时间的前提下，集中精力研究自己的爱好就足够了。

抑郁质

抑郁质的孩子极其敏感，感情脆弱，但也非常勇敢。他们往往有着一张精致的脸和一双深邃、警觉的眼睛。晚上的时候他们很难入眠，而且他们对食物也没什么特别的兴趣，或者说他们好像从来都不会饿一样，一直都吃得很少，而这也是这一类孩子身形都很瘦弱的原因。

在涂鸦中的体现

抑郁质孩子的涂鸦往往会画出他们内心的强烈感受：多棱角、多直线和折线是他们涂鸦的主要特征，而且画纸上基本不会出现曲线或弧线。（参见图91）

图90
塞西莉亚，两岁
图中延伸性的线条明显地体现了多血质孩子身上那种典型的旺盛且强大的生命力。

图91
艾迪，一岁零五个月
她的涂鸦几乎充满了尖锐的棱角，这类图形的反复出现可以说明，艾迪的心里有一些突然的、不受控制的愤怒情绪，这种情况也是抑郁质孩子的典型表现。

抑郁质孩子突然爆发怒火的行为其实并不是他们在耍小孩脾气，而是他们在表达自己需要帮助，也是他们努力适应周围环境的标志。对孩子的这种表现，家长不要表现得太过神经质，相反，家长应该保持冷静，把孩子拥入自己温暖的怀抱，安慰他们，让他们感到舒适和安心。

胆汁质

这一类孩子脾气暴躁，比较容易冲动。他们经常像"天塌下来了"一样大哭；一旦他们的要求没有得到满足，他们就会捶胸顿足、又哭又叫，闹个不停。他们会以这种方式来测试父母的脾气和底线，看父母是会妥协下来满足自己的要求，还是会耗尽耐心，最终爆发。

在涂鸦中的体现

胆汁质孩子的特质，以及他们对自己的情感张力的表达，都通过那些"噼里啪啦"的小点和一目了然的下笔力度在纸上呈现出来了，既有直线，也有曲线和棱角的涂鸦内容也体现了这一点。（参见图 92）

给胆汁质孩子的父母的建议

父母最好能鼓励孩子把他们的"暴脾气"转移到发展多样化的兴趣中去，比如画画、音乐和体育等；其中最为理想的体育运动当属游泳，而且如果年龄允许的话，骑马也是一个不错的选择。

图92

莫妮卡，三岁

她涂鸦的力度大到几乎要把蜡笔弄断了，她还在画纸上"噼里啪啦"地画了许多小点，这些都表明了这个胆汁质孩子特有的强烈的情感张力。

涂鸦分析：四个小·测试

托马斯，三岁

瓦勒里娅，三岁零四个月

文森佐，四岁

卢卡，四岁零十一个月

从三岁到五岁，孩子们人物画的演变。

画人物的小·测试

孩子的自画像

当孩子画人像的时候，他们笔下的每一个人物其实都是孩子自我的展现，只是孩子自己并没有意识到。所以，这个测试可以展示出孩子对自己身体的认知，还有孩子想和自己的身体建立的联系。在大多数情况下，我们可以从孩子笔下的人物中，找到一些与孩子自身特点的相似之处。因此，从孩子的人物画中，我们可以提取出关于他们性格和行为的准确信息。

如果孩子画中人物位置的安排十分恰当，其形象的比例也很适中，这意味着孩子的成长是非常和谐的，他们也能够很好地适应现实生活。而如果孩子画人物时，线条浅淡，动作颤抖，人物被画在了纸角处，那么，这样的孩子可能存在自我贬低的心理，觉得自己不如其他的同龄人。

还有一些孩子缺乏安全感的表现，如孩子画的人物缺胳膊少腿，或者肢体位置错乱，画画时不停地涂改，笔画卡顿等。我们一定要及时发现这些信号，并且帮助孩子做出改变，通过激发孩子的潜力，培养他们独立、自信的品格。

人物从蝌蚪状到成形

虽然这只是一个画人物的小测试，从大体上却能很准确地向我们反映出孩子成长发育和成熟的阶段与水平。

当孩子还很小的时候，他们画的人物都是从最初级的圆形开始，因为圆形代表妈妈脸的轮廓，这是孩子出生之后认识的第一种形状，也是孩子在他们生命前几个月里，见得最多的形状。孩子笔下人物的演变，并不体现他们对人体结构有了更深入的认识，而是孩子沉浸在自己的成长之中，一点一点地感觉并理解这些变化。所以，对于每一个孩子来说，圆形是一个开端。

　　随后，根据不同孩子的发育情况和其特有的涂鸦风格，可能出现三种不同的人物演变过程，孩子们不断地给自己的人物添加细节，丰富它们的形象。

　　下面这个图例大致展示了孩子笔下人物逐步演变的过程。

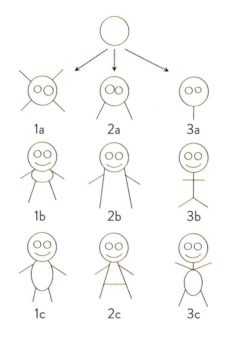

从圆形到"蝌蚪人儿"，再到人物成形，孩子笔下人物的三种常见演变过程。

　　在左侧这一列图示中，我们可以看到从有四肢的小蝌蚪人（1a）到成形人物像（1c）的演变过程，其中经历类似土豆的人物形象（1b）变化，其中包括两个圆形，或者一个圆形和一个椭圆形，分别作为脑袋和躯干。

　　在第二种情况中，有两个肢干的蝌蚪人（2a），渐渐地延长线条，并增加分支（2b），最终形成带有躯干的人物形象（2c）。（参见图93）

　　在第三种情况中，蝌蚪人由一个圆形和唯一的一条细线组成（3a）。直到细线延伸，趋于完整，变成火柴人（3b），再慢慢地构成身体完整的人像（3c）。（参见图94）

图93

**乔治娅，三岁零四个
月**

这个蝌蚪人由两条长长
的线条作为肢体。

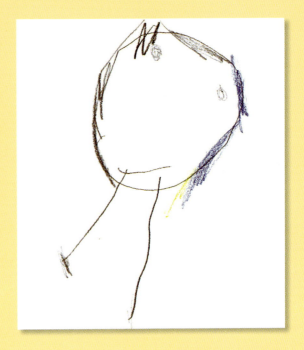

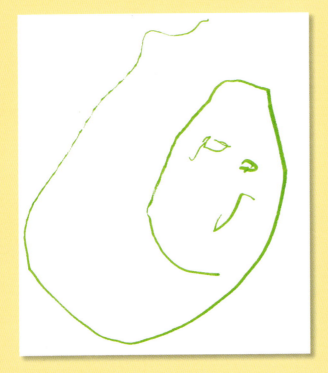

图94

福斯托，两岁零五个月

他的蝌蚪人由一个圆构成，
从圆的一端伸出一条长长的
延长线。

在下面的表格中，列举了孩子人物画的演变过程。我们可以看到，男孩和女孩笔下的人物变化过程存在显著的差异（以下资料仅供参考）。

女孩	男孩
三岁	
• 蝌蚪形的人	• 蝌蚪形的人
四岁	
• 脑袋 • 眼睛 • 躯干 • 胳膊 • 腿	• 脑袋 • 眼睛 • 在纸上画画有了固定的位置
五岁	
除以上种种外，还包括： • 嘴巴 • 鼻子 • 和身体贴合的胳膊 • 脚 • 涂了颜色的衣服	除以上种种外，还包括： • 鼻子 • 长长的躯干 • 胳膊 • 和身体贴合的胳膊 • 和身体连接在一起的腿 • 脚 • 涂了颜色的衣服
六岁	
除以上种种外，还包括： • 头发 • 长长的肢体 • 用两条线代替胳膊 • 用两条线代替腿 • 裤子或裙子 • 鞋子	除以上种种外，还包括： • 贴近真实面部的颜色 • 嘴巴 • 用铅笔画轮廓 • 用两条线代替胳膊 • 用两条线代替腿 • 裤子
七岁	
除以上种种外，还包括： • 贴近真实面部的颜色 • 用铅笔画轮廓 • 手指	除以上种种外，还包括： • 手指 • 鞋子

续表

女孩	男孩
八岁	
除以上种种外，还包括： • 更形象的眼睛 • 勾勒轮廓的躯干 • 脖子 • 比例合适的胳膊 • 胳膊的位置正确 • 看起来灵活的腿 • 颜色统一的衣服	除以上种种外，还包括： • 比例合适的胳膊 • 比例合适的腿
九岁	
除以上种种外，还包括： • 更形象的嘴巴 • 勾勒轮廓的脖子 • 可辨别性别 • 腰身	除以上种种外，还包括： • 更形象的嘴巴 • 更形象的鼻子 • 勾勒轮廓的躯干 • 可辨别性别 • 胳膊的位置正确
十岁	
除以上种种外，还包括： • 大小合适的眼睛 • 肩膀 • 比例恰当的脑袋 • 手掌 • 五个手指 • 可辨别年龄	除以上种种外，还包括： • 更形象的眼睛 • 手掌 • 看起来灵活的腿 • 位置自然的双脚 • 颜色统一的衣服 • 可辨别年龄
十一岁	
除以上种种外，还包括： • 更形象的鼻子 • 头饰、发型 • 位置自然的双脚	除以上种种外，还包括： • 明确的浓密长发 • 脖子 • 肩膀 • 腰身
十二岁	
除以上种种外，还包括： • 大小合适的眼睛 • 瞳孔 • 眉毛 • 红色的嘴巴	除以上种种外，还包括： • 大小合适的眼睛 • 瞳孔 • 头饰、发型 • 比例恰当的脑袋 • 有身份的人物（公主，交警……）

如何进行画人物的小测试

我们帮孩子准备好相关的绘画用品，具体用品可参考本页下面的方框，然后把孩子叫过来，让他们随意画一个人物。如果他们喜欢，可以选择合适的颜色给人物涂色。

与所有的测试一样，我们不要去干预孩子，或给孩子提供建议，而只是激发犹豫不决或碰到障碍的孩子，可以跟他们说："来吧，这么画挺好的！""继续，慢慢来。"如果孩子向我们询问如何画人物，或是其他信息，我们可以回答："你想怎么画就可以怎么画，你做的已经非常好了！"

画完之后，让孩子在纸上写上他们自己的名字、年龄，还有画画的日期和时间。如果孩子还不能自己做这些，我们可以帮助他们，或者是替他们写这些信息。对于更小的孩子来说，他们可能还不理解什么是"人物"，我们可以解释给他们说，就是画一个男人或者一个女人，一个男孩子或一个女孩子，想画哪一个都可以。

我们要给孩子充足的时间去完成他们的人物画。在没有时间限制的情况下，孩子可以随意涂抹和修改，最终完成他们的精心画作。

在孩子画画过程中，我们要注意观察他们的举动，记录一些细节：孩子画人物时，图形使用的顺序、孩子的态度和一些不经意的小动作、完成这个测试所用的时间和使用画纸的数量。为了更好地理解孩子作品的意思，偶尔观察一两张是远远不够的，我们还需要观察孩子不同的画以及他们画画的方式。

完成小测试所需要的材料

当孩子同意参与画人物的小测试以及本章所有小测试的时候，我们要为他们准备：

- 一支铅笔；
- 一块橡皮；
- 一个卷笔刀；
- 红、棕、黄、绿、黑、蓝、紫这七种基础颜色的彩笔；
- 一些没有格子的画纸。

不可以借助角尺、直尺、圆规等工具。

那么，孩子要是模仿其他人的人物画呢？

通常没有安全感的孩子会寻找一些模型来模仿，而不是自己创作出一个人物。如果我们同时让很多孩子一起参与这个小测试，我们要让他们保持一定距离坐好，这样他们就不能参考旁边孩子的画。我们也不能在孩子视力所及的地方放置一些带有人物图像的画作，避免他们模仿。我们最好离开孩子的视线，避免孩子描摹我们；如果做不到这些，那当孩子完成第一幅之后，我们可以让他们再画一幅不一样的，自己创作的人物。

年龄大一点的孩子不愿意参与这种测试，他们只会模仿一些图画，比如连环画中的人物。这些并不能反映出他们的本质，所以对于本次测试毫无用处。但是也向我们传递出一条明确的信息——孩子们不愿被"看穿"。

如果孩子不配合进行这个测试呢？

有些孩子，特别是内向的孩子，不愿意与我们分享他们的作品。我们不要强迫孩子，更不要徒手争抢，要试着找一些理由让他们"送"或者"借"给我们，比如我们可以说："你画得太好了，我可以把它展示给我的朋友们看吗？让他们看看你有多棒！"

孩子都是有一点自我主义的，一句褒奖就足以让我们得到他们的画作。

孩子人物画的分析

对孩子人物画的正确分析，不仅有利于理解孩子性格的宏观特点，还能帮助我们认识到一些细节，来解释孩子的行为。观察的要素有：

• 人物形象在纸上的位置及其大小；
• 人物身体各个部分之间的比例；
• 图画的线条；
• 颜色的使用；
• 一些人物形象特有的部分，如眼睛、上半身、下半身等，还有孩子可能遗漏的部分以及特殊的细节。

图画在纸上的位置

图画的位置是有规律可循的，我们称之为"空间象征意"，也就是说画纸上每个区域都有其相应的意思。我们可以想象一下，把一张纸分为九个部分，每个孩子习惯性的部分都代表着小作者的一个特点，体现出他们的个性，以及他们对待生活环境的态度。为了得到更准确的推论，孩子在某一区域内画人物像应该是一种习惯，而不是一次偶然的选择，更不能是受外界因素影响下做出的。

孩子习惯在哪一个区域画画，不仅取决于他们的心理特征，还由年龄和他们所处的特殊情感阶段所决定。

回忆	幻想	梦想
念旧	自我中心	预期
恐惧	缺乏安全感	愿望

左侧区域：过去　　中间区域：现在　　右侧区域：未来

比如，在左侧区域（代表过去）的上面画画，表明孩子更愿意回忆过去，但又透露出他们的内向和局外感，可能是因为一些痛苦的经历（住院、疾病、被抛弃等），也可能是单纯地因为孩子承受了过多来自父母或学校的压力。孩子表达自己想要摆脱身上的重担，从现在逃回过去的愿望。

一般情况下，选择右侧区域作画的孩子更善于表达，比较活跃热情，更依赖妈妈；趋向左侧画画的孩子自我控制能力较好，希望自己快快长大，他们和爸爸的关系更亲密一些。

如果纸张纵向使用，三岁以下的孩子会更多地使用纸张的下半部分，在该区域，他们能找到安全感。过了这个年龄阶段，他们用纸会趋于中间部分，再渐渐向上。七岁以后，他们就能够占用整张纸了。

人物画的大小·

在一张 A4（210mm×297mm）纸上，孩子笔下一个完整的人物像与他们对自己的认识（包括身体和外观）和所处的环境有直接关系。

• 人物的尺寸过小是孩子害羞的表现。这些孩子的自尊心尚未发育完全，考虑事情较少，还可能有些自我贬低。他们害怕自己与别人或周围的事物发生冲突。（参见图 95）

• 人物的尺寸过于高大，明显超过纸张高度的 1/2，这表明孩子的自我安全感强，而且性格外向，比较活跃，但有时比较多事，不识趣。（参见图 96）

• 人物的大小合适，人物尺寸应该是从头、头发或者帽子到脚的长度，差不多在 8~18cm 之间。

男孩和女孩对于人物大小有不同的理解和表现

孩子的年龄和性别会对他们的人物画造成决定性的影响。事实上，从三四岁开始，男孩子画的人物更大一些，这是他们内心的一种愿望表达，他们想展现他们自己身体上的优势；而女孩子笔下的人物是有规律的渐渐变化，直到青春期年龄阶段，她们的人像可能会比同龄男孩子的大，因为这个时候她们有了强烈的愿望，希望自己能受到大家的喜爱。

小女孩笔下的人物是持续不断地在变大的，而男孩子的人物主要在两

图95

蒂亚戈，六岁零九个月

他画的人物比较小，而且在纸张中间的位置，我们可以从中看出他的一个性格特点：小蒂亚戈有时需要从小伙伴中独立出来，自己玩耍。

图96

午伯多，五岁零五个月

小作者巨大的人物画代表着他想长大的迫切愿望。长大以后，他就可以超过自己的爸爸和哥哥了。

个时期有显著改变，一是五六岁的时候，二是在青春期阶段。这个现象对应着孩子成长过程中两个重要的自我认知时期：情绪与情感的发育时期和性成熟时期。

在第一个阶段，孩子听从父母管制的能力会增强，女孩子尤为明显，她们在五六岁的时候通常就有了很强的自我认知能力。

第二个阶段对于男孩子来说，更为关键，不仅是因为到了青春期的年龄，而且还反映了他们的担心，不想长大，害怕失去心爱的人（妈妈）或物，还要放弃儿童才有的特权。如果这个年龄段的男孩子画的人物比之前的尺寸要小，则说明他们内心有压抑，心智有所倒退。

为此，笔者补充一个关于教育方面的现象：现如今，女孩子更习惯自己照顾自己，而从传统意义上来讲，男孩子被照顾的更多，自理能力较弱。

人像各个部分的比例

我们还需要观察孩子笔下人物各个部位的比例关系，包括头、躯干、四肢之间的比例关系，还有各个部分内部细节之间的比例关系，譬如，眼睛和脸、手和胳膊的大小比。但要先明确一点，人物画中各个部位之间不存在一个正确的比例关系，只不过孩子在不断成长，他们的绘画能力在不断提高，他们也学着如何把人物比例画得更贴近现实。

然而，我们还是要特别注意以下几种不成比例的情况及其含义。

• 大大的脑袋象征着孩子对交流的迫切需要，还有对食物的热爱（因为头大很有可能意味着嘴巴也大）。通过嘴巴，孩子能够得到很大的满足，既可能是大饱口福，也可能是说话的欲望得到了满足。通常给人物画一个大脑袋的孩子，喜欢表现自己有态度，爱出风头。（参见图 97）

• 小小的脑袋可能反映出孩子在哺乳期或断奶阶段遭受了一些痛苦的经历，比如住院治疗、对某些食物的不耐受性以及肠胃功能紊乱引起的断食或厌食。

• 长长的脖子或者没有脖子连接头和身体，预示着孩子有脱离现实的倾向。在经历过身边发生的一切以后，他们需要发挥想象，为自己创造一场奇幻之旅。（参见图 98）

• 长长的胳膊说明孩子渴望与所有的人和物交流，遇见并怀抱世间万

图97

贝特丽丝，四岁

和身体相比，小作者笔下人物的脑袋有些比例失调，这表示小贝特丽丝极其渴望肢体和语言的沟通与交流。

图98

阿尔贝托，六岁

尽管图画在中间位置，但是小作者没有给人物画脖子，这说明孩子很容易有脱离现实、想入非非的倾向。

图99

约翰，七岁

小约翰笔下人物的胳膊非常短，表明他缺乏安全感，害怕和别人有过多接触。但是，这个小人儿的腿特别长，又表明了小作者想要快点长大的愿望。

图100

安德烈，五岁

小作者给人物画了一双非常夸张的大手，这代表他需要和他人有更多的交流。

图101

瑞奇，五岁

小人儿大大的眼睛揭示了小瑞奇的好奇心和想探索并征服世界的梦想。

物，他们的这种需求不仅仅是物质上的，更是精神层面上的。如果他们不加入那些具有攻击性的象征元素，譬如把手画成利爪，把牙齿画得非常显眼，那么，笔下人物的手臂长是他们热情活跃、性格温和的表现。

• 孩子笔下人物胳膊短小，这表明了他们害怕和别人发生冲突，他们缺乏安全感，也比较害羞。他们这样的性格能够在大千世界中抑制住自己的冲动。我们需要做的，是给孩子提供安全感，创造一个安静惬意的生活。（参见图 99）

• 大大的手揭示了孩子需要更多更频繁的交流。但是手所表达的意义有些宽泛，因为手既可以用来触碰、抚摸、感知，也可以做一些敲击拍打的激烈动作。（参见图 100）

• 长长的腿代表了孩子想快点长大的愿望，他们想快速变成如身边大人一样的成年人。腿是稳固和行进的代表，所以，腿也承载着孩子对环境稳定和安全感的需要。

• 短短的腿则代表着孩子体格健壮，有耐力，而且有安全感和反抗的能力，能够脚踏实地。

• 大大的眼睛揭示了孩子想要见识各种东西的愿望，还有他们对周围环境的好奇，以及对身边大人情感世界的兴趣。孩子会从我们身上观察并吸取很多东西，不管好与坏。正如人们所说"眼睛是心灵的窗户"，我们可以从双眼中了解到非常重要的信息——当孩子感到来自成人世界的拒绝时，他们会怎么反应。（参见图 101）

笔画线条

这是笔迹学的一个基础元素，它能帮助我们了解一些孩子身心的基本情况，发现可能阻碍孩子健康成长的因素。

这一部分包括线条的形式（曲线或折线）、力度（笔画压印纸的程度可以反映孩子对自身力量的使用情况）和力道的掌控情况（流畅连贯、轻重分明或断断续续）。

线条的形式

• 曲线代表孩子外向的性格，他们需要和环境融为一体。他们很容易就能适应新的环境，能够很快和同龄人打成一片，在融入学校或者是幼儿

园的过程中也不会遇到什么困难。父母应该避免让他们产生过多的挫败感，也不要对他们开朗的性格有所限制。

•带有棱角的折线可能会更多地出现在几何图形或棱角多的人物画中，比如机器人；也可能是当孩子在勾勒正常人像的轮廓时，突然出现几个折角；或是在整幅中，处处都是棱棱角角。

这种画线的方式，其实反映了孩子在面对突发状况时刚强的意志力。其原因可能是孩子接受的教育属于命令与控制型的，也可能是孩子原本性格比较争强好胜，他们迫切希望早日长大，能够应对各种情况，不再受环境的摆布。一些干扰因素（比如弟弟妹妹的降生）会引起和增强这种心理倾向。

力度

•力度适中代表在实现目标的过程中，孩子能够均衡分配自己的精力。

•力度轻柔揭示出孩子极为敏感的性格，对成长道路上的促进因素会有强烈的反应，他们同时也缺少战胜挫折的能力。

•力度过强能够体现孩子在面对困难时的魄力、决心，还有积极的态度。这些孩子对环境没有恐惧，相信自己，但有时行为冲动，不假思索。

力道的掌控情况

用笔的流畅度也取决于孩子的年龄，因为手部力量会随年龄的增长一点一点地增强。

•孩子能够连续流畅地控制力度，说明他们已经具备良好的控制力，对待自己的情感也一样。他们的适应能力也很强，能够很好地融入新环境。他们的性格开朗热情，乐于交友，热爱和平，这一切要归功于他们平和的内心。

•轻重分明或断断续续的线条，是孩子无法长时间集中注意力的标志。他们易疲惫，心不在焉，需要放松，不想做一些紧张连续的事情。

颜色的使用

给人物涂颜色是一种成熟的表现，我们也可以借此更好地解读孩子的图画，尤其是了解他们情绪和感情方面的信息。当孩子画画时，没有选

择使用我们为他们准备的颜色，这可能意味着孩子的成长存在不和谐的因素。

当孩子到了五六岁的时候，他们会很自然地使用颜色来填涂人物；但如果过了这个年龄还没有使用颜色的迹象，这可能就有一些异常，我们需要考虑孩子的智力和情感是否发育正常。

我们首先需要关注孩子画画起笔的方式以及使用阴影的强度，然后结合七种颜色各自的含义（关于颜色分析见第 41 ~ 47 页），再对孩子的画作进行分析。

• 孩子用柔和的浅色在纸上轻柔而均匀地涂抹，这反映出他们极为敏感，又不乏甜美的情感，但有时又比较腼腆。

• 线条显眼而又颜色鲜艳，则意味着孩子情感强烈，可能表现的是他们的爱意，也可能是孩子的攻击性和愤怒，他们想要"征服"生活。

• 还有很重要的一点，就是颜色的现实意义，因为孩子给人物的某一个或某些部位涂色不合理，甚至有些异常，这就需要引起我们的特别注意。举例来说，红色的脖子可能表明咽喉处有创伤疾病，或吞咽方面有困难，再者可能存在由身心两方面因素所致的呼吸问题。

人物像中特别的部位

脑袋

孩子笔下人物的脑袋，既可以反映他们对妈妈面部的感觉，也是孩子感知能力的写照，很可能是因为在脑袋上集中了多种感官，孩子借此可以享受美食，相反，他们也难以忍受由食物所引起的问题。

• 大大的脑袋是孩子热情的表现，也表示孩子以自我为中心的心理，这些在六岁之前都是可以理解的，但是之后，就有些夸张了。

• 孩子把头画得很小，预示着他们封闭的性格，他们把自己包裹起来，很难与外界建立联系。因此这也是孩子害羞的表现。（参见图 102）

眼睛

根据人物眼睛的大小，我们可以看出孩子和他人的关系是否紧密，是否活跃，还可以看出孩子是否具有求知欲。

• 小眼睛代表性格内向，与大人之间有矛盾。

- 双眼闭合，说明孩子有些自恋，又不乏可爱和俏皮。
- 大大的眼睛代表孩子在敌视外界，具有攻击性。
- 没有画眼睛，这种情况很少见，这表明了孩子不愿看到，也不愿面对现实生活。

嘴巴和牙齿

嘴巴就像是一扇门，可以摄取食物，可以交流感情，也可以吐露衷肠，它是物质、情感和心灵的交汇口。

- 没有嘴巴的人物，是一个重要的标志，象征了下列的问题：孩子经历过口头表达困难的阶段；孩子希望能够和大人顺畅地交流；孩子缺少被爱的感觉；觉得自己太瘦弱，想要毫无节制地吃东西；孩子感觉受到限制，缺乏自主权。
- 牙齿是愤怒的象征，孩子想啃咬和咀嚼那些令他们厌恶的人或物。（参见图103）
- 鲜红的嘴巴，透露出好斗的性格，这也可能对成长起到促进作用，尤其对于青春期的孩子来说。（参见图104）
- 紧闭的嘴巴，或者孩子画嘴巴时，用浅淡的线条一带而过，对于七岁以后的孩子，这表明了他们的不满和失望，几乎想要与世隔离，他们觉得这个环境无法满足他们的基本需求。
- 嘴边的小酒窝，代表的关键词包括：开朗、幻想、想象力和善良。

鼻子

鼻子是男性生殖的标志，所以男孩子通常画得更精准一些。它标志着孩子青春期的来临或者初始阶段。

- 鼻子畸形或者着重突显，都是孩子在性发育阶段，害怕又好奇的纠结心理的体现。
- 没有鼻子，在青春期阶段是很常见的，因为当孩子经历这个新的发育阶段时，他们会害怕自己的性冲动表露出来。

耳朵

耳朵是用来听取信息的，表现了孩子对学习的需要，或者好奇心需要得到满足（在这种情况下，耳朵也是对外界注意力的代表），抑或突出地

图102

莱昂纳多，七岁零五个月

小作者笔下的人物有一个非常小的脑袋，还有一张空白的脸，这揭露出孩子在与外界建立联系时遇到了困难。

图103

加布里埃莱，五岁零六个月

颜色强烈的脸，显而易见的牙。

图104

苏菲娅，五岁零两个月

在这副面孔上，画有一个张开的血盆大口，这表明了小作者的攻击心理。

图105

塞缪尔，六岁

他笔下的人物拥有一对大
大的招风耳，这揭示了他
的自尊心不够健全。

图106

伊拉莉亚，七岁零三个月

伊拉莉亚的小人儿双臂张开，留着一个形象而可爱的蘑菇
头。作为一名有些成熟的女孩子，小作者很希望受到大家的
喜爱。

体现了孩子在听力方面的困扰。

•大大的耳朵或者招风耳，揭示了孩子自我贬低的心理，他们的自尊心受到伤害，很有可能因为在学校受挫，也许被冠以了"笨蛋""傻瓜"的绰号。（参见图 105）

脸上的其他部分

•没有五官的脸，说明孩子难以表达自己的情感，并为此感到煎熬。孩子用这种特殊的方式，表达自己无法忍受这种现状。面部的线条其实代表了不同的器官，而所有的器官都是孩子与外部环境交流沟通的媒介。（参见图 102）

•突出的下巴，表明孩子想要在同龄孩子中证明自己。

•大胡须和小胡子，是力量、精力充沛和创造力的象征，或者代表孩子想要吸引注意的强烈愿望，也可能表现了孩子虚伪奉承的一面。

•头发，特别是一头长发，表现了孩子的生命力和力量，其中也包括性的方面。对于女孩子来说，她们想要得到大家的喜爱，或者渴望成为万众瞩目的人物。（参见图 106）

脖子

脖子是连接着头（代表思考）和躯体（代表本能）的部分。

•长长的脖子代表了孩子生理上的成长，可能是真实的，也可能只是孩子的一种期望；还表达了孩子想要表现自己的愿望。（参见图 107）

•又短又细的脖子，表明孩子的焦虑，或者呼吸困难。

•红色的脖子是害羞、缺乏安全感和侵略心理受抑制的表现，或者只是反映了孩子的一次因为咽喉疾病接受治疗的遭遇。

•看起来灵活且正常的脖子，显露了孩子独立自主和对环境的适应能力。

•当孩子五六岁的时候，他们就开始给人物画上脖子。如果过了这个年纪，孩子还没有画脖子的意识，说明孩子过于感性。十岁之前，这都是很正常的；但是，超过十岁，就说明孩子在情绪方面不稳定，有可能会反映到他们的行为上，包括过于活跃、易激动、爱冲动、没有耐性（最主要的表现是孩子难以维持一个不动的姿势）。（参见图 108）

图107

亚历山德罗，七岁

他把人物画在了纸
张的左侧，还有一
个长长的脖子，这
标志着成长（真实
的或者是小作者希
望的），或者体现
了小作者想要表现
自己的欲望。

图108

奇洛，六岁

小作者画了一个没有脖子的
小人，这可能揭示了他对成
长的畏惧，也可能说明他在
经历一个倒退的阶段。

腿

腿是安全感的象征，孩子在画腿的过程中也表现了他们的耐力、活力和定力。

• 两条夸张的长腿透露了孩子急于成长的愿望，他们想体会强大的感觉。

• 小短腿则是不想长大的表现，他们害怕成长并有抵触心理，想一直生活在保护层下。

• 两条非常不对称的腿可能揭示了孩子存在生理缺陷，或者在运动方面遇到困难。

• 两条交叉在一起的腿，表明孩子受到抑制，或者对性发育产生心理矛盾和冲突。

双脚

双脚可以反映孩子的情绪稳定情况和心理安全感的程度，也有一定性别象征的含义。

• 一双稳健的大脚，象征着稳固和坚实以及安全。

• 一双小脚，或者位置奇怪，抑或没有双脚，是害怕和抗拒外界环境的表现。（参见图 109）

臂膀和双手

臂膀和双手是重要的沟通工具，让孩子和世界保持直接联系。

• 像爪子一般的手，并且涂着红颜色，是攻击和侵略的象征。孩子想用利爪去"抓"，去击败讨厌的现实。

• 双手举向天空是寻求帮助的表现，孩子需要得到保护和照顾。（参见图 110）

• 孩子没有画胳膊绝对不是忘记和遗漏，这反映了很多问题，可能是关于性发育方面，也可能是孩子在掩饰并抑制自己对某位家人的敌意。当孩子感到错误后，他们可能会做一些自残的行为。

• 孩子没有画双手的意思，和没画双臂的意思是一样的，只是没有那么严重。

图109

费德里克，四岁零五个月
他画的小人儿没有双脚，这
说明孩子急需自我保护，免
受潜在危险的伤害。

图110

吉亚拉，五岁
她笔下所有的人物都将双手
举向天空，这是小吉亚拉在
默默寻求帮助的表达。

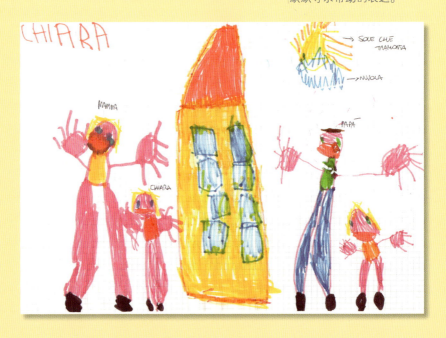

图111

卡米拉，五岁零五个月

小卡米拉笔下人物的裙子上有一排扣子，这代表了她对家人强烈的依恋，尤其是对妈妈。

图112

朱利奥·阿尔贝托，八岁

在画中，小作者给自己画上了一顶帽子，这揭示了孩子因自己接受了过于约束的教育而感到厌烦。

躯干

躯干代表孩子的务实性和本能意识。

• 纤弱的身躯表现孩子对自己的身体不满意，感觉与自己的身体不匹配。

• 小得夸张的躯干说明了孩子自我贬低的心理。

• 巨大的身体是自我主义的象征。

• 对于正处青春期的孩子来说，如果在身体上画了一条线或者加了一条腰带，则说明他们情感和性两者的发育还不能融为一体，也无法和谐共存。如果这条腰带被赋予了精美的细节，可能意味孩子认为身体的发育是错误的，想要掩饰它。

• 描画出乳房的身体揭示了孩子对妈妈强烈的依恋，孩子还不能和妈妈从情感上分离。

其他成分

• 人物身上出现扣子代表着孩子与家人强烈的联系，通常与妈妈更亲密。扣子可以让我们联想到肚脐的形状，它好像一块伤疤，象征着无法忍受的分离之苦。（参见图 111）

• 给人物画了帽子的孩子，会感觉自己成为被观察的目标，感到被大人禁锢。如果出现在青春期孩子的画中，则意味着他们在掩饰并抑制自己对性的欲望。（参见图 112）

• 性器官其实在画中很少会被明显特殊地画出来。但是，如果出现，则说明了孩子在这方面存在很严重的问题。

反映孩子性格特征的标志

正如我们所介绍过的，孩子的图画能够揭露他们不为我们所知的一面，他们的个性、偏好、恐惧、挣扎、担心，以及他们内心深处的愿望。

在后面两页所呈现的表格中，列举了一些主要的观察元素。当孩子的作品中出现了这些元素，我们可以对照该表，了解孩子的性格特点和脾气秉性。当然，这个表格只是起到一个简单的提示作用，涉及的元素必须是在孩子的画作中习惯性出现的，而不是偶然的现象。

通过孩子笔下的人物，分析孩子的性格	
争强好斗	• 利爪般的双手 • 怪兽的牙齿 • 夸张的影子 • 鲜红色的嘴唇 • 只有轮廓的人物像 • 紧握的拳头
焦虑急躁	• 不断地擦涂 • 浅淡且不连贯的线条 • 涂鸦中，一个或多个成分颜色过于暗淡，几近黑色
自我否定	• 身材矮小的人物形象 • 犹豫不决的线条 • 只是刚刚有些轮廓的上肢和下肢 • 涂抹和删减
交流能力强	• 张开的双臂 • 打开并伸出的双手
好奇心强	• 大大的眼睛 • 大大的耳朵，有可能还是招风耳 • 充满细节的眼睛
固执、执着	• 明显突出或者尖尖的下巴 • 坚实而显著的线条
精力充沛	• 大大的脑袋 • 肥大的身躯 • 下肢画得比较突显 • 丰富的细节表现
情感脆弱	• 单薄的肢体 • 画画的用力不均，忽明忽暗 • 只画了轮廓的脚丫
缺乏安全感	• 没有画出脚丫，或者画得很随意 • 颤抖的线条
成熟的情感和情绪	• 人物画得非常协调 • 画了脖子，而且画得很好

续表

通过孩子笔下的人物，分析孩子的性格	
自恋倾向	● 长长的眼睫毛 ● 浓密的头发，或是修饰打扮过的头发 ● 项链 ● 特别鲜艳的颜色，尤其是衣服的颜色 ● 衣服上的装饰：心形、小花、数字或者文字
自我控制能力	● 强大而有力的躯干 ● 人物比例适中，在纸上的位置恰当 ● 涂色的手法准确
畏惧长大	● 幼小的人物形象 ● 剩余较多的空间 ● 若隐若现的阴影
表达能力较弱	● 涂改 ● 犹豫不决的线条 ● 涂鸦整体不太均衡 ● 画画时，漫不经心，毫不在乎
安静	● 冷静的面部表情 ● 涂鸦整体看起来很和谐 ● 比例适当
性心理受抑制	● 藏起来的手，或没有把手画出来 ● 下肢画得不好 ● 必须画衣服
性早熟	● 清晰可见的牙齿 ● 非常显眼的鼻子，或者鼻子的颜色较重 ● 吐出的舌头 ● 长长的头发，或者梳妆过的头发
有安全感	● 明显且连续的线条 ● 完整且轮廓明显的人物 ● 可以明确区分出不同性别的人物
害羞腼腆	● 红色的脸颊 ● 纸张的使用较少 ● 人物较小，而且在纸张底部 ● 较多地使用黑颜色
经受过创伤	● 受过伤的部位被明显缩小，或者没有正常呈现出来

画树的小·测试

另一种形式的自我刻画

画树的小测试被认为是一种非常有效的方法，可以帮助家长与老师了解孩子人格中隐藏得最深，但也最真实的一面。在精神分析的术语中，树其实是"自我"的标志，也就是说树能代表一个完整的人，还能揭示出这个人真正的本质。

画一棵树就如同在画一张自画像，像在表述自己，也像是做一场关于真理的游戏。树能代表自己的个性、自己的情绪和自己具体而独特的人格。每一个细节都有它特定的含义：这棵树被画在纸上的位置、树根、树干、飞来飞去的蝴蝶、伸向天空的树枝、飘落的树叶；再比如颜色的运用，鲜艳的、浅淡的或者干脆没有上色的……

儿童画树的发展和演变

树是每个个体针对自身而产生的、从出生时起就具备的一种想法，一种概念。即使是他们从没见过的花草、树丛或灌木，孩子也能在某一天把它们画出来。最开始的时候可能只是一些小花小草或树枝树干，但慢慢地，一棵树的形状就逐渐形成了。孩子一般会在4~6岁的时候能完整地画出整棵树的样子。

观察同一个孩子在一段连续的时间内所画的树是一件非常有趣的事：我们能够看出这一段成长过程中发生的所有变化和它们之间的关联，我们还能发现一些信号，这些信号会告诉我们可能出现的问题和会对孩子的和谐发展产生干扰作用的因素。

孩子在四五岁的时候，他们充满表现力的想法和写画能力都基本发育成熟，有一定的规模了，他们画的树也开始成形，具备了一些基本的特征：通常都是由线条组成，只一笔或简单的两笔，线条的两端也不一定是闭合的，但已经能看出是一棵树的雏形了。(参见图113)

之后，线条会在树顶的位置逐渐闭合，而且孩子也能学会在闭合处以及树的轮廓上画一些细细的线来表示树枝。

等孩子再长大一些，到了五六岁的时候，他们画的树就会呈现出比较自然的样子和颜色了；而且树根也会由几条线或者通过根部的延伸，或多或少地"扎根"在画纸上；这时的树看起来细节也更加丰富了。（参见图 114）

七岁的时候，孩子到了上学的年纪，这时他们画的树就会"进化"并呈现出更加趋近实际的外形和更加匀称合理的比例了。

如何进行画树的小·测试

按照第 124 页绿色框中的要求给孩子准备合适的材料和用具，以供他们使用。然后请他们来依照自己的喜好画一棵树，如果他们愿意的话，也可以给这棵树上色。孩子要是希望家长能够给自己一些提示或建议的话，那家长给出的回答最好不要是可能从某一角度影响到他们想法的，家长可以这么说："你想怎么画就可以怎么画""你可以按照自己认为的更好的样子去画"或者"你觉得合适就好"。

这个小测试也是没有时间限制的。

对孩子画树的绘画作品的分析

为了准确理解和分析这个画树的小测试，我们应该特别注意的有以下几点：

- 纸张使用情况；
- 树的三大特定元素：树根、树干、树冠；
- 画的尺寸；
- 所画的树的类型与形状；
- 一些细节，比如果实、树叶、花朵、树下生长的小草……

纸张使用情况

大树被画在纸上的位置是十分重要的，因为这个位置代表了环境。

- 如果画里的树几乎占满了整张纸，那就说明这是一个外向、热心、

图113

多米尼加，四岁零五个月

一棵初具规模、能看出大概
轮廓的树。

图114

安德里亚，五岁

他画了一棵有树根、有树冠
的树。

慷慨的孩子，但他也可能会被一些人当作爱管闲事、不知趣的人。纸上到处都是他的画笔留下的痕迹，这说明对于探索周围的环境，他从来没有过恐惧，也没有过禁忌。

- 如果孩子画的树在纸的上部且位置偏右，则可以表明他想象力丰富，是个理想主义者和梦想家。
- 把树画在中间说明了孩子希望能够处于众人注意力的焦点上。
- 树在纸的底部，树顶却留有大片空白的地方，这种情况在年纪很小的孩子身上经常发生。但是，如果一个十几岁的孩子这么画的话，则说明他还没准备好去面对家庭以外的生活，因为他还非常需要鼓励、安慰和保护。现在的青少年都对安全感有着非常强烈的需要：他们感觉外面是一个充满危险和斗争的残酷的世界，他们要向妈妈，尤其是向爸爸寻求帮助。

树的三大特定元素

在一幅大树画中，我们主要观察的就是三大元素：树根、树干和树冠。

树根

树根象征着对供养大树、为其提供营养并维系其生长的大地母亲的情感。没有了根，植物就只是搁置在土地上：它们会缺少生存必需的养料。用一个完美的比喻来形容的话，那树根就好像是我们的生命，它吸收着来自亲情和母爱的滋养与呵护，然后使我们变得强壮，让我们平安健康地成长。妈妈就像树根，孩子像树干，两者之间的联系把我们带回一个紧密相连的感情世界。树根也暗指一直保存在记忆中，由感情和本能构成的地下世界。而在这个黑暗的地方里，我们要汲取一切必要的营养以供自己去面对人生。

树干

树干象征着自我，是对个人的想法与安全感的表达。纤弱的树干说明这个孩子对困难的耐受能力有所不足，他需要大人的帮助与保护。而且这样的孩子一般来讲身体也比较虚弱。粗壮的、轮廓清晰的树干则能体现出孩子自信的人格，而这种自信是建立在对自己的能力很有把握的基础之上的。而像这样粗壮的树干所表达的稳定性，就代表了这个孩子在面对人生逆境的时候能迸发的力量。

树冠

树冠是树根与树干不断积累养分而得到的结果，它代表着自主和与外界的交往联系：树枝从被自我（树干）占据的空间内不断生长与向外扩散，这种现象象征着对外界的交流、适应、融合与热爱的自我开放（或自我封闭）。

树冠也能表示一项能力，这项能力主要就是降低排在首位的自我中心主义（树的主干），从而把更多的精力和资源分配到其他的地方（树冠和树枝）。

画的尺寸

• 被画得很小的树能体现画画的孩子的腼腆和内向，他们在学习和做游戏的时候都自愿地选择独自完成，而且他们在交朋友的时候也更倾向于找那些性格安静、不排斥肢体接触的孩子。（参见图 115）

• 而被画得较大的、占了整张纸的树，则是孩子热情、外向和受同伴欢迎的标志。这样的孩子通常都很慷慨大方，会自愿地把自己的玩具拿出来与大家分享。

所画的树的类型

对一些特定种类的树的选择会有更确切的含义。

• 枞树，圣诞节的象征，代表着快乐、亲情以及对与爱的人待在一起的希望。这样的孩子往往比较怀旧，与家庭和传统的关系很紧密。他们也很深情，渴望呵护与安全感，他们要在一个宁静的环境中，在可信赖的朋友的陪伴下才会感到自在舒服。他们需要一定程度上的情感刺激，因为他们会有些腼腆，总担心自己会出丑，尤其是当他们和同龄人在一起时。他们热衷于做单人游戏。只有当他们遇到困难的时候，他们才会萌生回归家庭或集体的想法。（参见图 116）

• 选择柏树则是性格深沉、为人谨慎、审美观良好的标志。这一类的孩子往往沉默寡言，多数会喜爱诗歌与文学。

• 垂柳能体现出孩子不想默默无闻的想法，他们有着与生俱来的浓厚

图115

乔纳森，四岁零五个月

他画的这棵小小的树体现出了他的腼腆与羞涩。

图116

乔瓦尼，六岁零十个月

他画的这棵树是一棵细节丰富的、高大的枞树，这是快乐与亲情的象征，也体现了他对来自他所爱的人的温情的热切渴望。

图117

托马斯，七岁

这棵硕果累累的树表明了他外向大方的性格。

图118

理查德，七岁

他画的这些果实看起来是悬挂在树冠上的，体现出他忧郁的气质，而且说明他对自己的能力缺乏信心。

图119

罗伯特，五岁

他添加了一些小花、蘑菇、小草和一只小蜗牛来完善自己画的大树，这些小细节表明他有着敏感的心、有趣的灵魂和丰富的想象力。

图120

琳达，五岁

在她的画中，大树的叶子是一片一片画出来的，这是活泼和大方的标志。

的审美意识，和强烈地希望被人欣赏的心愿。他们有的时候会特别感性、伤感，所以他们总需要时间沉思。如果一个十几岁的孩子画了垂柳，就说明他在绘画和摄影方面有着极强的天赋。

一些有代表性的细节

• 长满果实的树是充裕、富足的标志，代表着这样的孩子拥有能给别人带去欢乐的精神财富与自信。这一类孩子非常有奉献精神，他们总觉得自己身上有可以给别人的东西。他们的内心充满了爱，并且随时准备帮助那些需要帮助的人；也许是为了赢得好感，他们总是会尽量地满足别人。他们有许多能够融入他们热情之中去的朋友，而且他们往往是朋友圈中那个天生的领导者。他们性格热情开放，具有良好的审美意识，对于融入那些非常考验他们想象力和创造力的环境，如幼儿园、学校等场所完全没有问题。(参见图 117)

• 画了果实但果实并没有生长在树枝上，而是悬在树冠上，这样的画能表明这个孩子的忧郁、自卑和自我抑制。(参见图 118)

• 小花、蘑菇、小草、蜗牛……所有被增添在大树下的小细节都是孩子敏感的心、有趣的灵魂和丰富的想象力的标志；孩子与父母和自然之间的关系都十分和谐，也许孩子正在迈入青春期，而且他的性意识也很可能开始发育了。(参见图 119)

• 沿着树干生长的小树枝，一般来讲这样的画大多是男孩子画的，而这些小树枝则是性发育的标志。当男孩子们开始变声，开始有胡须长出，他们会从这时起变得叛逆，总是做与妈妈的要求相反的事，并且开始把爸爸当作自己最重要的榜样。

• 相反，女孩子们则会用小花、蝴蝶和彩虹来美化自己画的大树，这些代表了她们的敏感性，也说明了她们需要来自有重要意义之人的保护。

• 飘摇、下落的树叶，画面呈现典型的秋天的景色，这传达出了画画的孩子感情细腻的个性，这种个性的特点就是可能会导致忧郁，影响情绪稳定。这种感情和心思都很细腻的孩子通常对身边的事物都有很敏锐的感觉，但他们对挫折和失败的耐受能力也都偏低。他们害羞且内敛，他们需要一个安静的空间来让自己重新恢复能量，也需要通过肯定与赞扬来更好地表达自己。

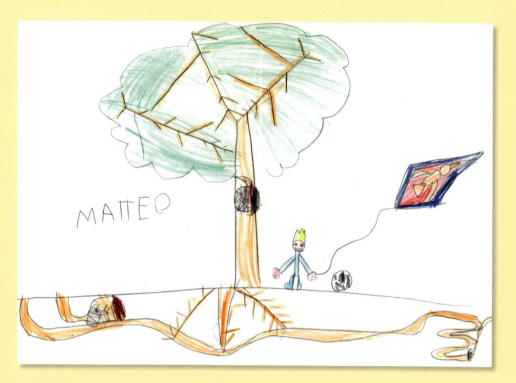

图121

马修，七岁

除了树干，他还在地下数量繁多的树根之间画了一个洞，而树根代表的正是对家庭的强烈的依恋之情。

图122

塞缪尔，六岁

在他的画中，象征着父亲形象的太阳正在树的旁边放着光芒，表明塞缪尔正在向他的爸爸表明心意，希望爸爸能主动地照顾、关爱他——这棵爸爸的"小树"。

• 被一片一片单独画在树枝上的叶子代表活泼、大方和想要有事可做且积极去做的心情。（参见图 120）

• 树干上长有节疤或者有动物的巢穴，这表明了孩子与妈妈之间无意识的关联，以及孩子对保护与关注的渴望。同时这也表达了孩子希望被人抱着、疼爱着（尤其是当巢穴内还画着类似松鼠和橡子的图案时），这样他们才能更加充分地表现出自己的潜能；这还能说明另一件事，他们并不是行动迟缓，而是他们需要时间和属于自己的特别的节奏。他们的情感把自己和关于家庭的回忆缠绕在一起，使他们一直都富于感情。他们的所有想法都是需要被家长察觉的，因为他们会把自己和那些自己最在意的东西统统藏在那个"树洞"里。他们会倾向于和一小群人在一起做游戏或者学习，他们喜欢安静、温暖、不受打扰的环境。

• 长着许多根须的树表达的是孩子对妈妈和整个家庭的强烈的依恋，因为家是他们安全感和自尊心的来源。这一类孩子拥有能适应并经受住困难的能力，即使在失败的情况下他们也不会灰心丧气，而是会想方设法克服困难。他们在情绪上的坚定能保护他们度过低谷，给予他们自信心和安全感。（参见图 121）

• 无根的树，只是立在代表土地的水平线上，这指出了一个支持孩子、保护孩子的母亲形象的存在，但这个母亲形象却没能履行养育孩子的责任，所以这表明了孩子缺少供其生长的土壤；孩子也因此而觉得非常不安，极度渴望亲情。他们在学校里会遇到不如意，而且他们对进入大人的世界也抱有恐惧，这些情绪可能是来自于他们成长过程中一个很敏感的时期，比如一两岁时，由于妈妈很少表现出母性的特征而产生的。

• 太阳，父亲形象的象征。如果画中的太阳被画得离树很近，那就是孩子在明显地表示对爸爸的呼唤，因为孩子希望父亲可以主动地去照顾自己这棵"小树"。（参见图 122）

孩子性格特征的探测器

在接下来的两页中出现的表格里，已经列出了一些主要的信号和标志，当这些对象出现在大树画中时，孩子的气质与性格中的具体方面也就同时暴露了出来。当然，表格的内容是经过简化的，但是只要孩子的大树画不是随随便便画出来，而是系统地绘制的，那么这份表格就还是很有参考价值的。

通过画树对性格的分析	
适应能力	• 茂盛庞大、伸入云端的树冠 • 比例协调的树干 • 清晰的轮廓 • 生动的颜色 • 有果实的树枝 • 用水平线来表示大地
志向	• 粗壮的树干 • 又长又密的树枝 • 用很长的线来表示大地
焦虑	• 占纸面积小 • 注重画的对称性 • 挂着的果实 • 清晰柔和的色调 • 下笔痕迹很浅和/或突然中断 • 涂改 • 洞或巢穴
自主性	• 比例协调的树根、树干和树冠 • 标准清晰的轮廓 • 有审美意识地选择色彩
自闭	• 又长又细的树干 • 没有树枝的树冠 • 伸入云端的树冠 • 相互交错的树枝 • 涂改 • 没有树根
自我中心	• 与树冠相比，树干更趋于主导地位 • 全部被上色的树干 • 沉重的笔画
热情奔放	• 画得很大的树 • 标准清晰的轮廓 • 左右生长的树枝 • 被清楚地画出来的树根 • 强烈鲜明的色彩

通过画树对性格的分析	
想象力	• 与树干相比，树冠更趋于主导地位 • 整幅画的位置都偏高 • 添加了许多元素：小花、蘑菇、彩虹、草地……
忧郁伤感	• 残缺或飘落的树叶 • 枞树 • 树干上布满纵向的条纹 • 很浅的色彩
自恋	• 粗壮的树干 • 又宽又大、被清晰地画出来的树根 • 小且闭合的树冠
身材臃肿	• 粗壮的树干 • 树枝上有果实 • 靠在树干上的小梯子 • 添加了人物
懒散	• 比树干更粗大繁茂的树冠 • 没有活力的线条 • 下笔缓慢拖沓
心理衰退	• 整幅画的位置都偏低、偏左 • 住了小动物的巢穴 • 延伸得很广或没有画出的树根
严格自律	• 笔直纤细的树干 • 占纸面积很小 • 一成不变的、格式化的描摹 • 犹豫的笔画 • 没有或刚刚长出来的树根
性早熟	• 沿树干生长的小树枝 • 地上的小花 • 停在树枝上的蝴蝶或小鸟 • 选择红色、黄色和紫色作画
曾经受创	• 树干被地平线截断 • 表示大地的水平线被画在树干的旁边 • 经常运用黑色

画房子的小·测试

宁静与安稳的象征

房子的画是非常有象征意义的，它们代表着孩子与自己的家庭成员之间的互动和相互影响，而且还能展示出他们以后进入社会、适应社会的能力。因此，这就涉及孩子在情感领域的两个基本点：他们在家里与家人一起生活时的表现和他们内心深处的想法。

房子的形象往往在婴幼儿时期的涂鸦中就经常出现了，尽管多数时候看起来是一片难以辨认的乱涂乱画，但这些画好像是孩子在试图避开对于失去家庭、亲情和安全感的恐惧。通过画房子，孩子会表达出自己的想法，他们希望可以生活在一个"安全的屋顶"之下，四周围绕着坚固的墙壁，是防风避雨的庇护所，是远离外界危险的乐园。

有一些好学的孩子会把房子联想成妈妈的脸：屋顶就代表妈妈又长又浓密的头发，窗户就是妈妈的眼睛，而房门则成了妈妈的嘴。这种画法，尤其是在年龄还很小的孩子中，属于非常常见的拟人画法，它证实了一个猜想，即孩子会把其本身对于情感的认知反映在自己的画中。

儿童画房子的发展和演变

随着时间的流逝和孩子的不断成长，他们的房子也会越画越好，其中的细节也会越来越丰富，也正因如此，家长就可以通过这些细节来更加深入地分析孩子在房子画中体现的人格。

孩子在4~5岁的时候画的小房子通常只能展现出他们性格中简单的一面，因为这时候的画还不能表现出很多可以解析的元素。他们的能力和经验都正在进入对绘画的研究与领悟阶段，也就是说，这时的他们是想与家长交流的。（参见图123）

5~6岁，这时的房子画会增加很多美化与装饰，变得更加富有细节，从而为家长对房子画的分析提供更多有用的元素：房子的大小、画的时候

图123

赛琳娜，四岁

这幅房子画非常简单，其设计也是非常基本的一种，这样的画通常是由年龄较小的孩子画出来的。

图124

费德丽卡，七岁零五个月

她画的房子非常大，大到占满了整张纸，这体现了她与人交往时的外向和开放，也体现了她给予和收获爱的能力。

是一气呵成还是擦来改去、屋顶的烟囱有没有冒烟等。

等孩子到了七岁的时候，他们的小房子就会被画在一个细节更丰富的环境里了：太阳、大树、云彩、街道……甚至整个这些景象全部画上。

当然，面对七岁以上的孩子，我们在分析他们的房子画时要牢记这是一个投射测试：也就是说，孩子会把自己投射到他们的画中。因此，我们能知晓一个给自己的房子画增添许多细节的孩子的性格，反之亦然，我们也能了解只画一个小房子的孩子的性格。

如何进行画房子小·测试

按照第124页绿色框中的要求给孩子准备合适的材料和用具，以供他们使用，然后再请他们来画一座小房子，如果他们愿意的话，也可以给这座房子上色。家长要给孩子留一个自由发挥的空间，让他们使用自己喜欢的颜色，如果孩子表示希望得到一些建议的话，家长最好是去鼓励孩子遵循自己的本意。

这个小测试也是没有时间限制的。

对于孩子对房子的绘画作品的分析

我们应该多多注意以下几个方面：

• 房子的尺寸与形状：大还是小，是屋顶占比更多还是底部占比更多，绘画时是否采用了透视画法……

• 屋顶：它的形状是突起的还是平顶的，上面有没有电视天线或者烟囱……

• 门：是开着的还是关着的，门上有没有把手、插销、门锁……

• 窗户：是大窗户还是小窗户，是开着的还是关着的，是否有窗帘，窗台上是否有花瓶或其他的装饰品……

• 房子周围的环境：小栅栏、大树、街道和其他的细节……

房子的尺寸与形状

• 大房子是幸福、快乐和热情的体现；大房子非常吸引人，因此也是

好客的体现。这样的孩子对待生活和自然的态度都很开放，他们会自发地怀着友谊与他人交往，并且他们懂得如何去给予和收获爱。这一类孩子可以说是外向的利他主义者。（参见图 124）

• 小房子可以体现出孩子对亲密的需要，他们想要躲进一个安静的庇护所，并以此来恢复自己已经筋疲力尽的身体。他们是典型的内向型性格，但不一定是害羞或自闭，他们需要来自家人的认可，这样他们才能处理好学校的功课，与同学们好好相处。对于他们来讲，家人是他们最后的依靠，家庭是他们坚固的避风港，在他们遇到困难的时候给他们提供休息的地方；只有在这里，他们才觉得自己是受到保护的，无论是实际的还是想象中的危险都无法伤害到他们。这样的孩子一般在主动融入外界方面存在一定的困难，因此，需要家长不断地刺激和鼓励他们。（参见图 125）

• 在城垛和塔楼之上的城堡是力量的象征，表达了对能力和财富的向往；但实际上，画出这样的画的孩子却是不折不扣的梦想家。城堡画是热爱幻想的孩子的典型表现，他们会假想（或者在心里虚构）一个能与他们以自己理想的方式进行交流的人物或者朋友。这样的孩子通常有着美好、大方、柔顺的性格，但也由于他们天性总是心不在焉，所以他们在学习效率上也有一些困难。（参见图 126）

• 采用透视法画的房子一般标志着内心的不安和情绪的不稳定，也能体现出孩子的自卑感，而这种自卑感则是由教育的变化导致孩子对自身能力的焦虑和不自信引起的。（参见图 127）

• 画在纸张上部的房子能透露出孩子尖锐的批判性精神和忧郁的心理倾向。

• 画在纸张下部的房子则是自卑感、态度强硬、倔强、理解能力低和无心学习的征兆。

屋顶

• 扁平或非常宽大的屋顶，对应着人物画中头发的形象，突出了孩子对于家庭环境而产生的不安情绪和攻击倾向。由于承受着家人迫切的期望和过于严苛的态度，孩子总会觉得非常压抑、喘不过气来。（参见图 128）

• 带有小窗的阁楼意味着活跃，但被规矩和禁令抑制的想象力。所以为了能安安静静地幻想，孩子只能选择把自己藏在阁楼里。（参见图 129）

图125

朱利叶斯，七岁零五个月

他画的这座小房子体现了他内向腼腆的性格特点。这个孩子在融入外界方面存在一定的困难，他把家看作一个可以让他逃避现实、享受安宁的庇护所。

图126

爱丽丝，五岁

她画的是城堡的城垛，这是梦想型气质的标志，说明她有着大方、温顺的性格。

图127

玛尔塔，七岁

她画了一栋房子的全景图，揭露了她的焦虑，缺少正确的自我认知。

图128

丹尼尔，四岁零五个月

他用漂亮的水彩画了一座屋顶扁平的房子，表达了一股对家庭内部的不安情绪：也许是因为父母的严苛让他觉得喘不过气。

图129

瓦伦蒂娜，六岁

她画的房子还有一个阁楼，这个阁楼的采光来自那个圆形的窗户，她经常会藏在阁楼里，让自己随心所欲地遐想。

图130

塞尔吉奥，五岁零五个月

他画了一个冒着烟的烟囱，表示有人生活在这所房子里，而且这家人正一起围坐在壁炉四周。

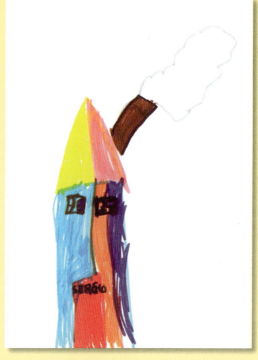

• 如果屋顶上有一只还在冒着烟的烟囱，则说明这家生了火，一家人正围坐在壁炉四周一起烤火取暖。孩子画这样的画是因为他们感知到，并且想表达出家人之间的亲密。（参见图 130）

• 相反，如果孩子的画中没有烟囱，或只有不冒烟的烟囱，则是与家人缺乏沟通，没有与家人建立起令人满意的情感上的联系，或是孤独的标志。家对他们来说，就好像一所旅馆，只是给他们提供吃饭、睡觉、看电视的地方：这里什么都有，却偏偏没有感情。（参见图 131）

• 安装了电视天线的屋顶（对应着人物画中耳朵的形象），表达了孩子对外界的注意力和好奇心以及他们的警戒、紧张和处处留神的态度。孩子画的"竖起的天线"可以说明他想知道自己身边都发生了什么。（参见图 132）

门

无论是回家，还是进入外界环境，门都是进出房子的必经之路。

• 紧闭且没有把手的门意味着谨慎、忸怩、害羞和在与人交流方面存在一定困难。

• 门上的把手被画得显而易见，这是外向、对外界的事物很开放的标志。

• 门锁和插销能够突出体现孩子与性总是紧密相连的内疚感，以及他们对与别人接触、被人围观或评论的恐惧。（参见图 133）

• 房子在两侧分别有两扇门，说明在孩子的父母之间存在争吵的情况；亦有可能是父母已经分居，也或许这只是孩子对于发生这样事情的担心和恐惧。（参见图 134）

窗户

窗户给孩子提供了即使他们待在家里，也能看到外面的世界，且可以同时受到外界关注的机会。就像门一样，窗户也是对交流方式的体现，即使是在家庭的规矩、命令和管理下。

• 打开或完全大开的窗户所表达的是对外界环境的开放性和好奇心，对来自他人的评价也毫无畏惧的性格特点。（参见图 135）

• 紧闭的窗户则体现出孩子对躲避他人探视的目光的需要，是自我封闭和谨慎处理人与人关系的表现。（参见图 136）

图131

玛尔塔，三岁半

她画了一座没有烟囱的房子，说明她与家人之间缺少令人满意的情感上的联系。

图132

莱昂纳多，四岁

他画的这座房子的房顶有一根电视机的天线，这根天线是一种比喻，说明了他能注意到发生在自己身边的一切事物。

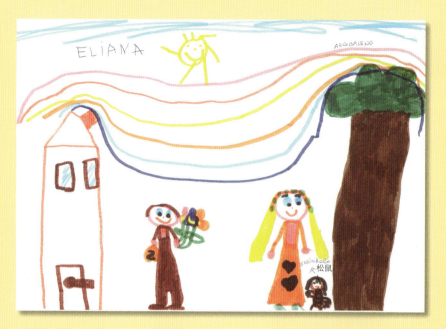

图133

伊莲娜，六岁

在她的画中，房子的门上有一个插销，表达出了她对被人围观、被人评论的恐惧。

图134

安德烈亚，五岁

他画的房子有两扇门，这说明孩子在担心父母之间存在争吵，或者事实已经如此了。

图135

艾琳，六岁

在她的画中，既有打开的窗户，也有屋顶上的电视天线，这些都是对外界环境的开放和好奇心的体现。

图136

赞布罗塔，七岁

他画的窗户都是关闭的，这象征性地表达了孩子的需要，他希望自己可以待在一个不被审视的目光盯着、无忧无虑的庇护所里，因此，这也体现了他的自闭倾向和他对待情感关系的审慎。

• 如果孩子画的房子没有窗户，尤其是五六岁以后的孩子，那么这所表达的则是他们在心理上的被囚禁感，由于孩子的脆弱和被过度保护，他们是不被允许去接触或者去面对及处理现实问题的。（参见图 137）

• 非常巨大的窗户可以说明画画的孩子属于比较爱凑热闹的类型，他们需要足够大的空间来让他们宣泄自己的全部精力。

• 画着花纹、挂了窗帘以及在窗台上摆着花瓶，这样的窗户是敏感、温柔体贴、腼腆羞涩和敏锐的审美观的象征。这一类型的孩子可能总是表现得很胆怯，但他们又总希望自己可以出出风头。

• 紧闭且呈"田"字形的门窗表现的是自闭以及对走向外面世界的困难，他们很难离开家庭这个能给他们提供保护的避风港，只靠自己生存在这个世界上。在门上画插销、在窗户上画十字栅栏，让房子看起来就像一个牢房，这些孩子都觉得自己是被家庭内部的矛盾和争吵囚禁、控制起来的"犯人"。孩子的这种感受完全可以归因于父母对他们溺爱的态度，或者是父母让孩子产生了自己被遗弃的感觉，从而导致他们有了自闭、拒绝与人对话的反应。通常情况下，他们都是社交困难、不会表达自身情感的孩子。这些情况也标志着孩子可能会出现严重的不适，甚至会影响到他们的身体健康。（参见图 138）

房子周围的环境

• 如果在房子四周有围墙或栅栏，则说明孩子觉得自己正处于与世隔绝的状态之中：也许是因为父母不允许他们把朋友带到家里来。（参见图139）

• 画在房子周围的大树也是可供参考的一部分，它们表明了孩子对情感、保护和安全感的需要，只有满足了这些需要，他们才能从容地在这个世界上表达出自己的情感。（参见图140）

• 如果孩子画的房子非常小，给人一种很遥远的感觉，而且画面的背景也十分宽阔，富有细节，则说明这幅画表达的是一种悲伤的情绪，孩子觉得自己与家人之间的距离很远（但实际情况并非一定如此），或者是家长没有把足够的精力放在孩子身上，从而让他们总觉得有不满意的地方。

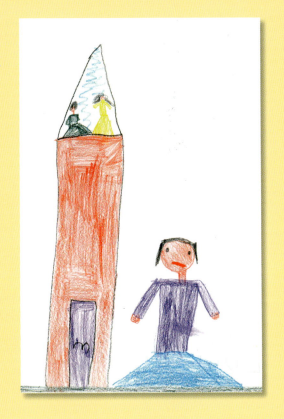

图137

玛丽安娜，六岁

她画了一座没有窗户的房子，这说明令人窒息的教育导致了她产生无法面对或处理现实问题的感觉。

图138

瓦伦蒂娜，三岁零四个月

紧闭的"田"字形的窗户体现出了她的自闭倾向和她在表达自身情感方面遇到的问题。

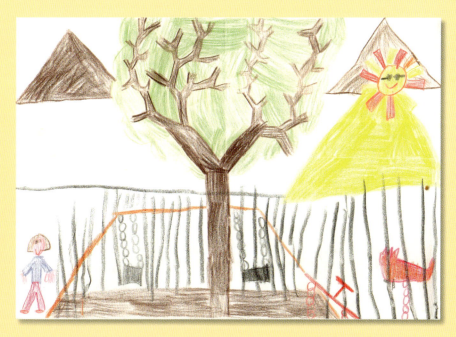

图139

丹尼尔，七岁零五个月

这座房子被高高的栅栏围了起来，表现出孩子觉得自己被禁锢、与世隔绝的状态。

图140

阿莱西亚，五岁零五个月

她在房子的周围画了几棵树，这表达了她对收获来自家人的情感的需要。

图141

爱德华，六岁

在他的画中，房子的门前有一条弯弯曲曲的小路，这显示出了他十分骄傲的性格和总想绕开困难与障碍的想法。

图142

菲利普，五岁

他画的房子门前是一条笔直的路，从画纸底部直通向房门，这是开放性的体现，也说明他愿意听取大人的意见和建议。

街道

街道如果出现在孩子的房子画里，那绝对是一件值得研究和注意的事，因为尽管他们在透视画法的运用上还存在一定困难，但他们还是会经常把街道也画上，尤其是在孩子上幼儿园的最后一年和上小学后的第一年里。实际上，街道也被视为房子的延伸，它象征性地代表着孩子能否离开家庭这一核心，迈入通向社会、通向世界的大门的可能性。同时它也意味着孩子由于在外生活带来的强大压力，而产生的对回归家庭的渴望，因此这在某种程度上也是退行的标志。

• 曲折蜿蜒的小路代表了骄傲的性格，他们会很难感到满足，总想亲自去检查、核实一切事情；此外，弯曲的路还可以体现在面对障碍时，与其克服这些困难，他们更倾向于选择逃避。这样的孩子普遍更懂得抉择取舍，更有远见，好奇心也更旺盛，他们的动手能力也很强，因此在手工、搭建类的游戏中他们总能表现得不错。（参见图 141）

• 笔直且始于纸张底部的路是开放性的体现，这说明孩子愿意倾听。他们会自愿地接受来自大人的意见和建议，因为他们拥有随和的性格和灵活的心态。他们热衷于户外活动，因为户外活动可以让他们把丰富的经验带回家。（参见图 142）

• 岔路表示孩子的优柔寡断，当他们面对选择时，会出于对与家庭的亲情和稳定分离的担忧而产生犹豫。这样的孩子性格开放且善于言辞，但他们需要感受到自己是被接纳的；他们也更喜欢团队合作。（参见图 143）

• 像被封闭了一样突然中断的道路，突出体现了孩子内向的性格，他们沉默寡言、不善言谈，也很少去主动做出选择，而且他们从来不会表现得暴躁或无礼。这一类孩子大多勤奋且细心，在学校能学到很多东西，而且经常能拿到最棒的成绩。（参见图 144）

• 向画纸上方拐了一个大弯，被画成这样的道路所代表的孩子非常典型，他们害怕他人的评论，而且为了避免与人对峙，他们甚至会找借口来为自己辩护。他们总是要求尽善尽美，当有人触碰到他们的自尊心时，他们会像只小刺猬一样缩成一团，把自己的尖刺全都竖起来。当他们回到家里的时候，如果家人对他们的欢迎没有达到他们想要的程度的话，他们就会变得很不开心，开始噘着嘴生闷气。推动孩子学会自主自立才有助于让他们更好地融入社会。（参见图 145）

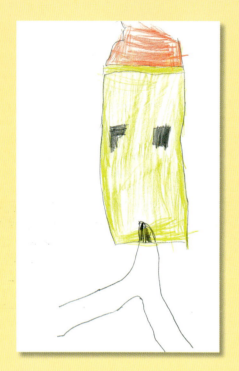

图143

弗兰西斯科，四岁

他画的房子门前是条岔路，这是开放型性格的标志，但也体现了他很渴望感受被人需要和被人接受的感觉。

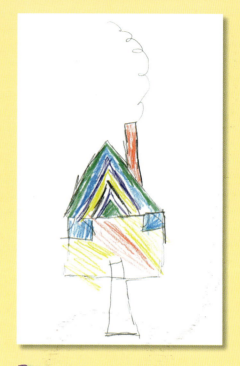

图144

乔瓦尼，四岁

在他的画中，门前的路被粗暴生硬地截断了，这样的画面揭示出了他封闭、内向的性格。

图145

阿尔贝托，四岁

他画的这条路不仅是弯曲的，而且还向画纸的上方拐了一个弯，说明他个性很骄傲，但同时他也比较害怕来自他人的评价。

画家人的小·测试

爱的避风港

通过孩子对自己家人的描绘，不管是认认真真画的，还是随意的几笔，我们都可以看到孩子细腻却羞于表达的一面：那就是爱。是爱，让孩子从熟悉的环境中感受到温情；也是爱，让孩子一步步有了安全感，有了自信心，渐渐变得独立。

我们都要知道，在孩子成长的过程中，或多或少的都会存在一些干扰因素，比如说家里增添了小宝宝，或者自己的兄弟姐妹在学校得到了褒奖（如果是弟弟妹妹，那就更糟了！）。这些干扰因素很有可能会导致孩子渐渐产生自我贬低的心理，开始胡思乱想，害怕爸爸妈妈会抛弃自己，或者受到来自学校或学习方面的压力。

孩子们在画一个家庭的时候，尽管没有刻意要求，但是他们也都会自然而然地呈现出自己爸爸妈妈的形象。就此我们可以看出其中的一些端倪，还有孩子们的痛苦、恐惧，或者相对的喜悦和平静。孩子的这些心理都与家庭关系直接挂钩。

孩子其实自己心里明白，谁是爱他们的，谁是他们值得效仿的楷模，谁能给他们自信；他们也知道，谁最值得信赖，和谁相处很困难。当孩子对周围环境感到厌烦时，他们的图画通常都能清楚地反映出来，孩子可能会把某个家庭成员与他人隔离开。

举个例子，一个十二岁的小男孩，把自己画在了一个摇篮里，而这个摇篮本属于他刚出生不久的妹妹。这就显示出一个问题，他害怕失去自己的心爱之人（妈妈），担心妹妹一个人独享妈妈，他觉得妈妈对他的爱在一点点消失。这个孩子在嫉妒中挣扎，但是又不能言说，害怕再次失去父母的重视。

此时，孩子的反应多种多样：尿床，坏脾气，害怕黑暗，要离开妈妈去上学时的肚子痛。面对这种微妙的状况，许多家长都会感到手足无措，不知如何是好。其实，孩子内心的想法和情绪，都用画笔在纸上表达出来

了，我们要学会去发现并理解孩子们的反应。

现如今，孩子还把自己的家庭当作是避风港吗？

从他们的画中，我们可以看出，答案是肯定的。这是因为孩子内心最迫切的需求是没有变的：那就是他们对爱的需要。在家庭，这么一个意义非凡的集体里，他们需要的不仅是存在感，还有参与感。正如本书之前提到过的，爸爸妈妈在孩子心中的形象没有变过：妈妈料理家务，保护家庭；而爸爸是家庭最可靠的支柱，为全家提供稳固的环境。

孩子画家人的演变过程

在我们观察这一演变过程的时候，一定要考虑到孩子的年龄。

比如说，五岁的孩子，他们正处在一个模仿家长的关键年龄阶段。他们会非常认真地观察并模仿父母的言谈举止。但是，孩子并不只满足于学习自己的爸爸妈妈，与此同时，他们还会把眼光放得更宽，从所有陪伴在他们身边的人之中，寻找其他可以模仿的典范。

而当孩子到了九岁或者十岁的时候，他们可能会和家人之间闹些小矛盾，并不是因为他们不爱家人，不再依赖家人了，而是因为他们在试图寻求独立，在大千世界里觅得一处属于自己的天地。

这样看来，不同年龄阶段的孩子对家人的描绘，必然有着本质上的区别。因为孩子自身是在成长的，他们从婴儿时期那个以自我为中心的小宝宝，慢慢地变成了想要独立自主的孩子。他们通过自己的图画告诉我们，他们已经努力在进步了。

我们一定要知道，孩子长大成人的这个过程，就像给了他们一次重生的机会，肯定会和他们的保护者产生分歧。为了避免这种不愉快的发生，孩子们必须有能力，把如同脐带一样的情感依恋转换成和家人、和这个世界联系在一起的情感纽带。

如何进行画家人的小测试

我们帮孩子准备好相关的绘画用品，具体用品可参考第124页，然后把孩子叫过来，让他们随意创造一个家庭及其成员，对他说："如果你喜欢，可以涂色。"当孩子画完之后，我们可以试图和他们聊一聊，但是

一定要非常小心，我们可以这么问他们："宝贝，你画得真棒！现在能不能向我介绍一下你创作的这一家人呢？"我们一定要注意孩子的每一个回答，因为他们给的解释都会帮助我们正确理解孩子们的内心想法。

我们要特别地问一问孩子以下几个问题："你觉得，在你的画里，谁最可爱呀？""谁不是很可爱呢？""谁最开心？""谁最不高兴？"孩子会乐于解答我们的问题。

最后，要问一问孩子："宝贝，你呢，最喜欢这个家庭里的哪一个人？""你想成为这个家中的哪一个人呢？不用管是男还是女。"

对孩子画家人的绘画作品的分析

为了理解孩子们画的一家人，我们要观察孩子画画的整个过程，尤其要注意以下几点：

- 孩子画每一个人所用的时间；
- 每个人物在纸上所在的位置；
- 孩子特别认真仔细的时候；
- 每个人物之间的距离，是远还是近；
- 孩子第一个和最后一个画的人物；
- 孩子第一个涂颜色的人物；
- 孩子对画的修改和擦除；
- 被忽略的家庭成员；
- 孩子随意添加的动物或现实中不存在的人物；
- 所有人物的相似之处；
- 孩子对待画中每一个部分的态度；
- 每个人物脸上的表情；
- 画中人胳膊、手、腿的位置和姿势；
- 形态相似的人物；
- 每个人物之间的距离比例；
- 每个人物的衣着打扮；
- 孩子赋予每个人物的角色；
- 孩子的线条是否连贯、是否确切；
- 人物体态或者整个人物看起来不协调的地方。

一家人的位置安排

孩子画的第一个人物，又是被画在纸张的左侧，这说明孩子爱这个人，并且怀有仰慕之情，想成为这样的人。从这个人物形象中，我们也能看出孩子遇到的一些困难，孩子想模仿这个人，但是又担心不能达到那种高度和境界。

•孩子最先画的人物是自己，这标志着孩子的自恋心理和自我中心主义，也意味着孩子对家庭的需要和依赖，很难与家人分离。如果孩子对爱的需求得不到满足，他们就会丧失动力，这会产生一些消极的影响，包括在学校学习效率的降低。（参见图 146）

•孩子最后画的人物是自己，这意味着孩子的自我贬低，缺乏自信，害羞自闭，难以正常表达自己的情感。在一些情况下，不管是否公平公正，孩子都会因没有得到奖励而伤心。我们可以回想一下，有时我们是否只是为了急于达到我们想要的结果，而没有理性认真地考虑孩子们真正的需要，这样一来，孩子没有得到应有的重视，我们也没有达到帮助孩子增长自主能力的目的。

•孩子把个别人物画在了旁边的位置，这表明不论是在真实的家庭里，还是在孩子笔下的虚拟家庭中，此人物缺少存在感。孩子虽然想和这个人建立良好的关系，但是又不完全信任他，或担心关系会变得更加紧张。（参见图 148）

•孩子对画一家人的要求表示拒绝，这是孩子内心厌恶的表现，他们在家庭生活中缺少情感上的互动，和其他家庭成员也很少交流。这样的家庭关系没有给孩子带来温暖和其他积极的感情，所以当我们要求孩子画一组家庭时，他们才会拒绝。

人物的大小

•孩子画的某一个人物形象被缩小，这表明孩子把这个人视为潜在的竞争对手，可是，如果孩子把该人物擦除掉，他们又会感到愧疚，好像犯了错误一样。所以，孩子为了"报复"他们，在画中，把他们缩小。

•孩子画的某一个人物形象被放大，这通常预示着孩子有被约束的感

图146

爱丽丝，五岁

小作者画画时最先画的是自己，这说明她想把自己展示给所有人。

图147

阿莱克斯，三岁零一个月

小作者选择最后一个画自己，这透露出了他的害羞和缺乏自信。

图148

马特奥，六岁

小马特奥画了自己的家人，但是他把自己从一家人中孤立出来。
这暗示了孩子心中被孤立的感觉。

图149

卢卡，七岁

小卢卡笔下父亲的形象被缩
小了。

觉，而这种感觉正是来自一位占主导地位的人物，孩子必须听他的话，不容辩驳。所以，这就是孩子心中一种纪律制定者的象征，但反过来看，也说明这个人在孩子心里很有影响力。（参见图150）

家庭中人物的增加或忽略

•孩子把家庭中某位成员忽视掉，这意味着孩子对他存有抵抗心理，可能是出于嫉妒、愤怒或害怕，孩子想极力摆脱这个人物，因为孩子们觉得他可能会抢走最亲爱的人（爸爸妈妈、老师或关系比较好的亲戚）的爱（参见图151）。孩子们的这些担心其实很容易就会被激起，比如弟弟妹妹的降生，或者孩子认为在学校老师对某个同学有偏心等。

•孩子在画中增加一个创造出来的新人物，这可以被理解为一种情感上的弥补，或许是一时的孤独，孩子非常需要陪伴，想驱赶独处时的恐惧。在幼儿时期，可能是因为孩子在家主要只跟大人一起生活，几乎每一个孩子都拥有一个臆想的好伙伴，所以，孩子在画中添上这样一位人物并不奇怪，只是表达了孩子希望能和同龄人有更多的交流。（参见图152）

•孩子画画的时候擦除掉了一个或多个人物，这表明孩子无法忍受该人物，可能是自己，也可能是另一个或多个家庭成员，但是孩子又不能明了地表现出来，他们害怕因此受到批评和指责。积存在心里的敌意可能会表现为交流时的反感、厌恶，甚至可能引发不同程度的心理和生理疾病。

这种情况并不是孩子单纯地忘记画此人物，而是表现了孩子对于是否该画这个人的矛盾心理。（参见图153）

•孩子画画时把自己排除在外，这是孩子缺乏自信和归属感的表现。原因有很多，比如，孩子感觉失宠了，嫉妒刚刚诞生或者尚未降临的弟弟妹妹，害怕爸爸妈妈会批评惩罚自己。（参见图154）

细节的增加或缺失

•孩子笔下的人物没有胳膊或者手，孩子认为该人物对他们造成了威胁，这是孩子"惩罚"的手段。这还可能是孩子"性欲"的体现，他们自己还没有完全接受，又害怕表现出来后遭到大人的指责。（参见图155）

•孩子在画中加上了小动物，其实是为了掩饰自己对某一个或者某几

图150

克莉丝特安娜，五岁零五个月

与其他家庭成员相比，小作者把妈妈画得很大，这说明妈妈在家中毋庸置疑的主导地位。

图151

盖娅，六岁

画画时，小盖娅有意忽略对爸爸的描绘，这揭示了父亲的形象使她感到不安。

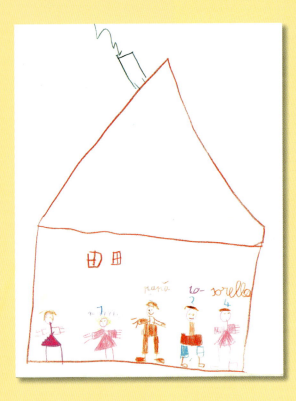

图152

阿莱西亚，七岁

在画的左侧，小作者添加上了一个小女孩的形象，然而这个小女孩并不真实存在，不是小阿莱西亚家中的一员。这展现出小作者对陪伴的需要。

图153

克里斯蒂安诺，九岁

在画中，小作者画了一个小妹妹，但是又把她给擦除掉了。这说明他和妹妹的关系并不是很好，可能是出于嫉妒。

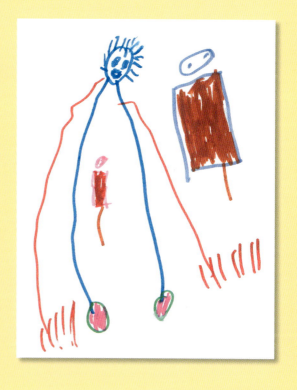

图154

阿西娅，两岁十个月

小阿西娅没有把自己画在自己的家庭里，而只画了妈妈，在妈妈肚子的位置，还有一个婴儿，是她尚未出生的弟弟或者妹妹。这表明了小作者内心缺少存在感和归属感。

图155

瓦勒里娅，七岁

她笔下的一家人都没有双手，其含义是：孩子对家长过于严格的教育感到厌恶，可是又不得不忍受着，孩子总感觉自己做什么都是错误的。

图156

安德烈，六岁

在这幅画中，小作者加入了一个小动物，但在现实生活中并不存在，可能就是为了掩饰自己对某一个家人的敌视。

图157

马特奥

他选择画了小兔子一家，这其实暗含小作者的痛苦，他不能随意自由地表达自己的情感。

个家庭成员的敌对情绪。（参见图 156）

• 孩子画了一个由动物组成的家庭，而不是人类的形象，这说明孩子缺少归属感，在经受痛苦，不能随意自由地表达自己的情感。在父母离异的家庭中，孩子更容易画这种带有隐晦意味的图画，表达不想再生活于痛苦之中。（参见图 157）

还是一样的主题，但是在集体环境下，孩子画的一家人可能并不真实，有所隐瞒。那么我们可以改变一下方法，直接让孩子描绘一幅关于小动物一家的画作。通过这种形式，我们照样能够得到一些信息。

• 孩子在画中把自己画成另一个性别的形象，这说明孩子抗拒自己身体的变化，这是典型的青春期不适，还可能孩子本身就不接受自己的性别。（参见图 158）

• 孩子拒绝给一家人涂颜色，是情感冷淡和漠然的表现，这可能是因为孩子经历过一些事情，压抑了他们的热情。冷漠和拘谨可能与过于严格或者过于自由的教育方式有关，两种情况都影响了孩子对爸爸妈妈的爱。（参见图 159）

• 孩子给人物头上画了帽子，通常是加在父亲的形象上，这展现了孩子受到的压迫，这份沉重让孩子无法呼吸，阻碍他们自由成长。孩子觉得自己要被无法遵守的规矩和无法达到的要求压到窒息，他们试图奋起反抗这些"压迫势力"（不论是否真实存在）。（参见图 160）

• 孩子给某一个家人的衣服上画了扣子，则说明这位家人对孩子很重要，孩子非常喜欢他，孩子对他怀有敬意和信赖。实际上，扣子代表着一种稳固的联系，是安全和平静的象征。（参见图 161）

但是，当孩子到了十二三岁以后，这种联系可能会转变成阻碍和负担，抑制孩子独立能力的培养。在情感上，男孩子更不容易和这种联系分离开，导致他们无法主动去和他人交流。

人物的姿势和特殊的表现方式

• 胳膊搂着脖子，这种画法的含义并不是我们认为的那样，它绝对不是一种表达爱意的行为，相反，被搂住的人也是被束缚的、被牵绊的，不能自由自在地活动。当孩子无法掌控某些状况时，他们就会有被支配的感觉，他们就用这种方式告诉我们，他们的自由被阻碍了，别人正在欺压自

图158

马蒂尔德，八岁

在小作者画中，她穿了一条男生的裤子，这可能是小马蒂尔德拒绝自己的身体，或者不接受自己的性别。

图159

安德烈，八岁

决定不给自己笔下的一家人涂色，小安德烈传达出了一条讯息，那就是他对自己最亲的父母没有了浓烈的爱意。

图160

艾丽莎，六岁零五个月

她给画中每一个人物都戴上了帽子，这展示出小作者不能容忍并要极力抵抗那些抑制她的人。

图161

埃贡，七岁

我们可以看到，小埃贡给自己和爸爸都画了一排扣子，这很明确地表达出他对父亲这一形象的重要感情，因为父亲给他提供了平静和安全，这些也正是孩子需要的。

图162

托马斯，七岁

在他的画中，一家四口牵挽在一起。我们可以清楚地看到，爸爸的胳膊搂着妈妈的脖子。正处于性别认知时期的小托马斯也想像爸爸一样，和妈妈如此亲密地在一起。

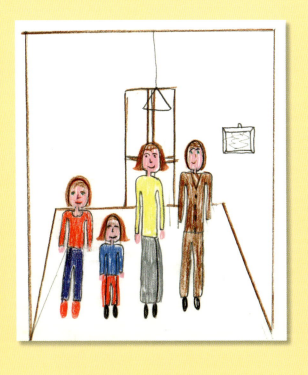

图163

瓦兰迪纳，六岁零五个月

小作者笔下的一家人被圈在一个
呆板的框架里，这说明小作者受
到的教育是非常严格的。

图164

毛罗，六岁

她把一家人安放在了不同
的房间，每个人在自己的
房间里做着自己的事情。
这说明了这一家人之间缺
少最真挚的情感交流。

己。这还反映了孩子们与他人交往的能力也受到了影响。(参见图162)

• 孩子把一家人画在了一个框架中，就像是在一个相框里。这说明孩子正在经受着一个严格死板的教育方式。孩子认为家庭是一个宗族一样，所有的事情都是出于强制、命令和规矩。这里没有让孩子自由发挥的空间，也没有随意交谈的机会。(参见图163)

孩子其实也想掌控一些权利。如果不能表达自己的情感，不能释放自己年龄段内该有的冲动，孩子就会变得过于活跃和多动。在家庭以外的环境中和激烈的氛围下，孩子还可能具有攻击性。

• 孩子把每一个家庭成员画在了不同的房间，各自在各自的房间里做着自己的事情。这个家庭成员之间缺少交流，孩子生活在一个亲情冷淡的家里，久而久之，孩子就会产生自私自利的心理，这种自主独立的状态不利于孩子的社会生活。(参见图164)

最后……
有一些建议供家长们参考

当我们的孩子画画的时候，我们要努力为他们提供一个稳定的环境，并要用积极的话语去鼓励他们："宝贝，你真的太棒了！""嗯！有进步啊！""妈妈（爸爸）非常满意，宝贝！"

一定要避免对孩子的作品提出一些消极的建议，或是贬低孩子的涂鸦："你不能这么做！这样画不好看！""把它们都擦掉，你这样是错的。""你应该选这个颜色，这个颜色才合适。"这些想法和建议其实会映射出我们对孩子的担心和焦虑，孩子是能感受到的。

要知道每一种颜色在孩子心中都有它们特殊的意义，不存在"正确"与"错误"之分。

请时刻记住，孩子画画不是为了展示自己的绘画能力有多强，而是孩子需要表达自己和外界交流，而且这些信息的接收者在多数情况下是爸爸和妈妈。

人们常说，"平静也是一种力量"；平静和力量是孩子在家长身上寻找的两大能力，我们要尊重孩子成长的节奏。虽说我们给他们制订了一些规矩，但还是要避免走弯路，做无用功。

来自世界各地儿童的涂鸦

"我们儿童的心是自由的，因为我们能够互相了解彼此，然后再把所有这些信息一起传达给你们，从而使作为家长的你们也能学会如何理解我们的想法。这样循环一圈又一圈，美好的世界就在眼前……"

一封来自孩子们的友谊请柬

本章节中为读者呈现的涂鸦和画作都是出于世界各地的小朋友之手，它们集中显示了从婴幼儿时期起，在孩子成长与发育过程中表现出来的共同点。但我们也可以从另一个角度来解读：这些作品就像一封来自孩子们的请柬，邀请大人们一起研究如何用完全独立、不带先入之见的态度去用心地爱下一代和他们的作品。

通过观察这些小小的杰作，我们也不难发现，其实来自世界各地不一样的地方的孩子们都有着一样的问题，如困难、热情、需求、快乐、缺点和弱项。我们都知道生而平等，每一个孩子都是一样的，因此在孩子眼里，无论在肤色、性别、物质、财富、外貌等哪一方面，都不存在障碍或隔阂。相反，通过一起探索、一起学习、一起游戏的方式，孩子们表示，他们能够充分地认识到与他人互动合作所带来的充实感。

如果大人们想要建立起一个更加美好的世界，就应该开始不带先入之见，用心去爱我们的下一代，并且怀着开放性去接纳这些小艺术家们：这是孩子们在用自己非语言的"语言"向我们发出的呼唤！

图165

露西娅，两岁零一个月，来自意大利

这个小女孩的圆圈涂鸦其实是在向她的小朋友们发出邀请，因为她希望他们能和她一起开心快乐、无忧无虑地围在一起转圈唱歌。

图166

胡库（音译），两岁零四个月，来自中国香港

这幅作品里的线条给人感觉很有节制，用色轻浅，涂鸦也只占了纸张的部分面积，这些都能说明小作者内向、腼腆的性格。也就是说，这个孩子需要来自家长的持续不断的支持、肯定和安抚。

图167

古纽顿，四岁，来自中国上海

　　他选择不给自己的作品上色，这个行为说明他正处于不安之中，而且这种不安还引起了他的侵略性情绪，这一点由画面中被两支箭射中的小动物体现了出来。

图168

法尔曼汗，六岁，来自印度

在他的这幅画里，山丘对应着一个过度保护、过度宠溺的女性形象，而对夕阳的描绘表现的是他在与自己爸爸建立关系时遇到的困难，这个困难则正是由这份溺爱导致的。

图169

毛利，六岁，来自肯尼亚
他把自己的画放在了一个框架里，这种画法明确说明了他非常需要保护。

图170

木格玛，四岁，来自卢旺达
断断续续的线条说明她在下笔的时候非常犹豫，连手都在颤抖，这说明她正切身经受着痛苦，她甚至不能建立起一份稳定、美好的感情。

图171

琼恩保罗，四岁，来自卢旺达

下笔强有力却又支离破碎的涂鸦标志着小作者由于缺乏归属感而导致的不安情绪。

图172

安妮卡，三岁零两个月，来自德国

画画时毫不犹豫地落笔和被大量使用的红色都能体现出她以自我为中心的性格，而且她的侵略性也在其中稍露头角。不过这种侵略性并非贬义，相反还有利于她的成长，因为这能让她探索世界、"征服"世界，让一切都由自己说了算。

图173

金，五岁，来自瑞典

在这幅人物画中，大大的头部和眼睛都是非常显著的特点，象征着大人过高的要求和期望给他带来的焦虑。

图174

本杰明，三岁零四个月，来自美国

尽管他年龄还很小，但他给这个人画上了耳朵（一般来讲，耳朵应该是最晚出现在孩子的人物画中的），这是他对外界的注意力和好奇心的标志，也是他智力开始发育的标志。

图175

戴文，两岁零八个月，来自加拿大

这幅涂鸦的特点鲜明，用色也非常大胆，大量使用的红色系体现了他的生命力、想要快快长大的决心和对一切都由自己决定的渴望。

图176

巴勃罗，两岁零四个月，来自阿根廷

他的涂鸦很明显地表达了他想要写字的意图，但与此同时他也表露出希望自己可以从游戏中逃离出来的想法。

图177

胡安，两岁零五个月，来自阿根廷

他的涂鸦主要占据了纸张的右侧，即在空间象征手法的法则中被看作"未来区域"的部分：小家伙迫切希望自己可以"突飞猛进"，然后以此向自己和家人证明他正在飞快地成长着。

图178

托马斯，两岁半，来自澳大利亚

他把整张纸都画满了自己的涂鸦，向我们展现了他性格中自由乐天的一面，同时也体现出他需要拥有一个完全属于自己的宽阔的空间，尽管这不一定能实现。

图179

约翰，两岁零七个月，来自新西兰

他的涂鸦中运用了大量不同的颜色，体现了他丰富的内心世界，只要给他一片很小的天地，他就能让自己的天赋与才华结出硕果。

This is translation of **Scarabocchi**
by Evi Crotti, first edition published in Mialn, Italy by IL CASTELLO SRL

© 2015 "Il Castello S.r.l., Milano 71/73 12 – 20010 Cornaredo (Milano), Italy, ", Milan, Italy

The simplifies Chinese translation rights arranged through Rightol Media （本书中文简体版权经由锐拓传媒取得Email: copyright@rightol.com）

© 2018，简体中文版权归辽宁科学技术出版社所有。
本书由IL CASTELLO SRL授权辽宁科学技术出版社在中国出版中文简体字版本。著作权合同登记号：06-2017年第84号。

图书在版编目（CIP）数据

涂鸦会说话：解读孩子的心理画/（意）艾薇·克劳迪著；宁昊，李梓睿，白皓月译. —沈阳：辽宁科学技术出版社，2018.9

ISBN 978-7-5591-0420-5

Ⅰ.①涂… Ⅱ.①艾… ②宁… ③李… ④白… Ⅲ.①儿童心理学 Ⅳ.①B844.1

中国版本图书馆CIP数据核字（2017）第213265号

出版发行：辽宁科学技术出版社
　　　　　（地址：沈阳市和平区十一纬路25号　邮编：110003）
印 刷 者：辽宁新华印务有限公司
经 销 者：各地新华书店
幅面尺寸：168 mm×236 mm
印　　张：13
字　　数：200千字
出版时间：2018年9月第1版
印刷时间：2018年9月第1次印刷
责任编辑：曹　阳　卢山秀
封面设计：顾　娜
版式设计：顾　娜
责任校对：徐　跃

书　　号：ISBN 978-7-5591-0420-5
定　　价：56.00元

投稿热线：024-23284372
邮购热线：024-23284502
E-mail：lnkj_cc@163.com
http://www.lnkj.com.cn